教育部人文社科基金（20YJAZH114）
江苏省自然科学基金（BK20201280）
国家自然科学基金（72071043）
江苏省建设系统科技项目（2021ZD25）

装配式建筑BIM技术理论与实操

徐　照　王佳丽　王　睿　编著
王金卿　夏　琦　邹　斌

东南大学出版社
SOUTHEAST UNIVERSITY PRESS
·南京·

内容提要

装配式建筑的实施难点在于对各种资源和信息的有效整合而并非在技术方面。装配式建筑项目的完成需要用到设计、生产、运输、施工等各环节的信息,而这些信息的采集与存储是一项非常繁重而浩大的任务,只有借助 BIM(Building Information Modeling,建筑信息模型)技术才能保证在整个项目全生命周期多参与方中进行有效传递。本书通过文献检索、案例分析等系列方法,深入探讨装配式建筑 BIM 技术的基础理论知识、装配式建筑信息模型及分类编码体系。针对常见装配式混凝土结构预制构件知识进行了介绍。针对 PC 构件生产实操应用、PC 构件施工现场实操应用、装配式建筑数据档案管理以及 Revit、Navisworks、Lumion、Fuzor 等软件的基本操作进行了介绍。本书为混凝土装配式建筑领域 BIM 技术从业人员和土木交通相关专业学生的学习提供理论与技术支持,全书注重理论与实践相结合。

图书在版编目(CIP)数据

装配式建筑 BIM 技术理论与实操 / 徐照等编著. ——
南京 : 东南大学出版社,2022.10

　　ISBN　978 - 7 - 5766 - 0249 - 4

　　Ⅰ.①装…　Ⅱ.①徐…　Ⅲ.①装配式构件—建筑工程
—计算机辅助设计—应用软件　Ⅳ.①TU3 - 39

中国版本图书馆 CIP 数据核字(2022)第 178394 号

责任编辑:丁　丁　　责任校对:韩小亮　　封面设计:王　玥　　责任印制:周荣虎

装配式建筑 BIM 技术理论与实操

Zhuangpeishi Jianzhu BIM Jishu Lilun Yu Shicao

编　　著	徐　照　王佳丽　王　睿　王金卿　夏　琦　邹　斌
出版发行	东南大学出版社
社　　址	南京市四牌楼 2 号(邮编:210096　电话:025 - 83793330)
经　　销	全国各地新华书店
印　　刷	广东虎彩云印刷有限公司
开　　本	700 mm×1000 mm　1/16
印　　张	16
字　　数	278 千字
版　　次	2022 年 10 月第 1 版
印　　次	2022 年 10 月第 1 次印刷
书　　号	ISBN　978 - 7 - 5766 - 0249 - 4
定　　价	68.00 元

本社图书若有印装质量问题,请直接与营销部联系,电话:025 - 83791830。

前 言
PREFACE

2013 年,国家发展改革委与住房和城乡建设部联合制定了《绿色建筑行动方案》,明确将推动建筑工业化作为十大重点任务之一。2020年,住房和城乡建设部等 13 部门联合印发了《关于推动智能建造与建筑工业化协同发展的指导意见》,明确提出了推动智能建造与建筑工业化协同发展的指导思想、基本原则、发展目标、重点任务和保障措施。在大力推进改变经济发展模式,调整产业结构和推进节能减排任务的背景下,北京、上海、深圳、济南、合肥等城市的政府部门以建设保障性住房为抓手,相继出台地方政策以支持建筑工业化的发展。国内的许多从事房地产开发、建筑施工总承包和预制构件生产的企业逐渐行动起来,加大了对建筑工业化相关投入力度。纵观全国,以新型预制混凝土装配式建筑为代表的建筑工业化进入了新一轮的快速发展期。在这期间建筑产业进入整体推进时期,但相较于发达国家仍存在较大差距。因此加速发展建设工程预制和装配式技术,提高建筑工业化技术集成管理水平仍是现阶段重点研究方向之一。

装配式建筑的实施难点在于对各种资源和信息的有效整合而并非在技术方面。装配式建筑项目的完成需要用到设计、生产、运输、施工等各环节的信息,而这些信息的采集与存储是一项非常繁重而浩大的任务,只有借助 BIM 技术才能保证在整个项目全生命周期多参与方中进行有效传递。现阶段资源整合在很大程度上需依赖信息处理技术,而BIM 就是高度整合信息技术的关键实现手段,所以,BIM 与装配式结合必将是装配式建筑发展的趋势。但现阶段 BIM 与装配式建筑的结合仍存在信息传递效率低、协同管理差、标准不统一等问题,因此在将两者结合的同时,提高信息传递和利用效率仍是现阶段重点研究方向之一。

本书通过文献检索、案例分析等系列方法，深入探讨装配式建筑BIM 技术的基础理论，全书主要分为理论篇和实操篇。理论篇主要内容为：①基本概念与理论；②BIM 与建筑全生命周期管理；③装配式建筑模型及分类编码体系，针对常见名词、常见装配式混凝土结构预制构件如叠合板、叠合梁、预制剪力墙、预制框架柱、预制外挂墙板、预制楼梯及编码原理进行了深入介绍。实操篇主要针对 PC 构件生产实操应用、PC构件施工现场实操应用、装配式建筑数据档案管理以及 Revit、Navisworks、Lumion、Fuzor 等软件的基本操作进行了介绍，最后以南京江北新区某项目为例进行了相关技术应用的实例介绍。

本书在写作过程中参考了许多国内外相关专家学者的论文和著作，已在参考文献中列出，在此向他们表示感谢！同时本书的形成得到了东南大学建设与房地产系研究生占鑫奎、朱慧娴、饶泽志、王佳丽等人的帮助，在此亦向他们表示感谢！对于可能遗漏的文献，再次向相关作者表示感谢及歉意。同时书中难免有错漏之处，敬请各位读者批评指正，不胜感激！

徐　照

2022 年 1 月于东南大学九龙湖校区

目 录
CONTENTS

实操篇

理论篇

第一章　　基本概念与理论

建筑行业发展至今,其产值已在国内生产总值中占有相当大的比例。传统的建筑设计和建造方式已不能适应工业化发展的需要。在注重绿色、经济、环保等理念的今天,对传统的建造方式进行彻底的变革势在必行,建筑工业化的概念应运而生。工业化是人类社会发展的必然结果,建筑工业化则是社会工业化发展的必然结果。随着工业化的发展,建筑业的发展也经历了深刻的变化。机械建造、体系建筑和模块建筑等自动化流水线建造方式、BIM(Building Information Modeling,建筑信息模型)技术和3D打印技术等相继出现。

1.1　BIM 建筑信息模型技术概述

建筑工业化是通过整合设计、生产、运输和施工各个过程,探索工业化和信息化的深度融合,实现可持续发展的建筑生产模式。建筑工业化的建造方式和传统建造方式有诸多不同,如表1-1所示。

表1-1　传统建造方式与建筑工业化对比

比较项目	传统建造方式	建筑工业化
能源消耗	耗能、耗水、耗地、耗材	节能、节水、节地、循环经济
劳动效率	现场湿作业多、机械化程度低	劳动力需求少、工期缩短、机械化程度高、劳动生产率高
环境影响	现场产生大量建筑垃圾、噪声、扬尘	构件工厂化生产、现场安装、噪声和扬尘少、建筑垃圾回收率高
劳动力使用情况	需要大量劳动力、劳动强度大、劳动效率低下	采用工厂化生产、机械化施工、缓解用工荒、对工人素质要求高

建筑工业化以标准化设计、工厂化生产、机械化施工、信息化管理为目标,装配式结构能很好地满足这一要求,积极发展各种预制装配式结构体系是实现装配式

结构和建筑工业化的关键。装配式结构在美国、欧洲、日本等国家和地区有着广泛的应用。装配式结构采用预制构件,现场进行安装与构造处理,施工高效便捷,能源耗用率低,工业化生产水平高,有利于将劳动粗放型、密集型的现场施工转变成技能型的产业化施工,符合绿色建筑产业概念以及建筑产业转型的发展趋势。在我国,建筑产业属于劳动密集型产业,装配率和工业化的水平较低,装配式结构在市场上的占有率还较低。装配式结构还未能做到完全的标准化设计,不能满足工业化的自动生产方式,信息化管理还有待提高。BIM 以建筑全寿命周期为主线,将建筑各个环节通过信息相关联。BIM 技术改变了建筑行业的生产方式和管理模式,使建筑项目在规划、设计、建造和运维等过程实现信息共享,并保证信息的集成。将 BIM 技术应用到装配式结构设计中,以预制构件模型的方式进行全过程的设计,可以避免设计与生产、装配的脱节,并利用 BIM 模型中包含的精确而详细的信息,对预制构件进行生产。在预制构件的工业化生产中,对每个构件进行统一、唯一的编码,并利用电子芯片技术植入构件信息,对构件进行实时跟踪。通过 BIM 技术建立四维 BIM 模型,对构配件的需求量进行全程控制,并通过 BIM 模型对构配件进行管理,防止构配件丢失或错拿的情况出现。BIM 技术为装配式结构的设计、生产、施工、管理的信息集成化提供了可能。

1.1.1 BIM 的概念

BIM 是建筑信息模型的简称,20 世纪 80 年代,美国的查克·伊斯曼(Chuck Eastman)第一次提出 BIM 的概念:"BIM 包括建筑所需要的全部模型信息、功能需求和构件特征,整合了建筑项目从设计、施工、维护、拆除全生命周期的全部信息。"2007 年,《美国国家 BIM 标准》定义 BIM 为:数字化地表达了建筑项目的物理特性和功能特征,是建筑项目全生命周期可靠的知识共享及决策基础,是构建建筑虚拟模型的行为。BIM 技术的目标是可视化分析工程和冲突、检查标准规范、进行工程造价等。

BIM 技术是虚拟建模技术、可视化技术和数字化技术的综合,其提供了信息交流共享的计算机平台,可对建筑项目全生命周期的全部信息进行高效管理,增加项目收益。BIM 具有信息完备性、对象参数化、可视化 3D 模型、导出成果多元化等优势。

BIM 技术最关键的应用是实现信息的表达、交流和共享。BIM 软件种类繁多,品牌、功能不同的软件具有不同的数据格式,信息不能进行直接交流。为此国际上定义了规范化的数据表达和交流标准来解决这个问题,主要包括以下三个技术,如图 1-1 所示。

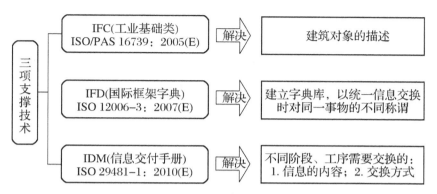

图 1-1　BIM 规范化表达标准

　　BIM 软件相对于传统的 CAD 软件而言,点、线、面等最基本的几何构成不再是其操作对象,取而代之的是建筑、结构的构件,如:墙体、梁、板、柱、门和窗等。BIM 系统通过编程构建数字化的对象来表示建筑构件,任一对象的属性都需要由一系列的参数来表示,参数包含在对象的代码中。参数一般需遵循或满足预先制定的规则和定义。例如,门这一对象就包括门所具备的全部属性:长度、宽度、高度、厚度、材质、装饰效果、开启方式、价格信息等。

　　BIM 技术贯穿工程项目的全生命周期,尤其是当复杂工程要求工程质量高、施工时间短、建设成本低时,BIM 技术更能凸显其优势。美国斯坦福大学的工程设施整合中心曾研究过 32 个利用 BIM 技术的工程,并根据研究成果提出 BIM 技术在具体应用中的五项收益:使工程变量的数量降低 2/5 左右;将工程造价的精度控制在 3% 以下;工程造价所需的时间只占原来的 1/5;工程预算能降低 1/10;将设计和施工时间缩短 7% 以上。项目全生命周期内 BIM 技术的应用如图 1-2 所示。

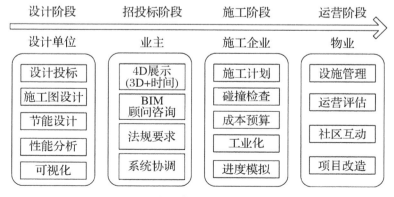

图 1-2　项目全生命周期内 BIM 技术的应用

BIM 技术发源于美国,而后在英国、芬兰、瑞典、日本、澳大利亚、中国等国家得到认可和应用。现阶段,美国超过 50% 的设计单位、建筑企业、咨询单位等都应用了 BIM 技术。各国也提出了一系列的规范性文件,如美国的 3D-4D-BIM 战略、新加坡的《新加坡 BIM 指南》、英国的《BIM 标准》、挪威的《BIM 交付手册》等,以倡导 BIM 技术的推广。BIM 技术在国外有广泛的应用,目前国外应用 BIM 技术的工程项目有:爱尔兰都柏林的英杰华体育场、波兰的万豪国际饭店、美国加州的萨特医疗中心、美国加利福尼亚科学研究院、丹佛艺术博物馆、卡米诺医药办公大楼等。

我国从 2003 年开始正式展开对 BIM 技术的相关研究,纵观我国建筑业的发展,BIM 在建筑业信息化的应用中并非独立的存在,BIM 技术以其数字化、可视化、模拟性的突出优点,打破了技术信息化和管理信息化之间的界限,实现了工程建设各方信息的有效集成和共享。目前,BIM 技术在我国建筑行业的地位如图 1-3 所示。

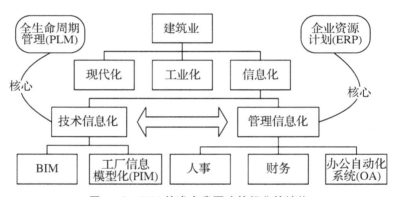

图 1-3　BIM 技术在我国建筑行业的地位

我国的 BIM 虽然处于初始阶段,但国家对 BIM 技术高度重视,倡导社会各界广泛研究 BIM 技术,并在建设实践中积极引进应用 BIM 技术。目前国内应用 BIM 技术的工程项目有:中交集团南方总部大厦、北京水立方、天津港国际邮轮码头、徐州奥体中心、江苏大剧院、南京禄口国际机场、北京市政务服务中心等。

1.1.2　BIM 软件

BIM 软件是信息共享的工具。建筑项目从投资到规划、设计、施工、运营维护,过程周期长,参与人员涉及的专业众多,不可能由一个 BIM 软件解决所有的问题,需要众多的 BIM 软件参与其中。BIM 软件分为两类:BIM 核心建模软件和基于

BIM 模型的分析类软件。BIM 核心建模软件是 BIM 应用的基础，主要有 Revit、Bentley、ArchiCAD、CATIA 四类，国内的 BIM 核心建模软件起步较晚，并且需依据一定的专业需求和国内应用特点进行开发，因此，适用范围有限。基于 BIM 模型的分析类软件，以 BIM 模型为基础，进行性能、环境、功能等的优化，以达到相应的目标。两类 BIM 软件如表 1-2 所示。

表 1-2 BIM 软件

软件类型	国外软件	国内软件
BIM 核心建模软件	Revit、Bentley、ArchiCAD、CATIA	天正、博超、鸿业、鲁班、广联达
结构分析软件	ETABS、STAAD、Robot	PKPM、盈建科
机电分析软件	Trane Trace、Design Master、IES Virtual Enviroment	博超、鸿业
可视化软件	3ds Max、Lightscape、Artlantis、AccuRender	无
可持续分析软件	IES、Green Building Studio、Ecotect	PKPM、斯维尔
深化设计软件	Tekla Structures	探索者
造价管理软件	Solibri、Innovaya	鲁班、广联达
模型碰撞软件	Navisworks、Solibri Model Checker	鲁班
运营管理软件	ARCHIBUS	无

1.1.3 IFC 标准

为了解决信息交流和共享问题，各开发商的软件必须遵循相同的数据传输标准，依靠一定的数据接口与其他软件进行数据交换，以此实现数据共享。1997 年，国际协同联盟 IAI（International Alliance for Interoperability）利用 EXPRESS 数据定义语言制定了工业基础分类标准 IFC（Industry Foundation Classes）。IFC 标准主要面向建筑工程领域，包含了建筑工程项目全寿命周期的一切信息，提供了处理建筑物和建筑工程数据的描述和定义规范。2002 年，IFC 标准通过了国际标准组织 ISO（International Organization for Standardization）的认证，并成为国际标准。这表明 IFC 标准已经相当的成熟和稳定。IFC 标准的产生为解决建筑工程项目的信息交流和共享问题提供了可能。BIM 软件遵循 IFC 标准，依靠一定的数据接口与第三方软件进行数据交换(图1-4),以此实现数据共享。

图 1-4 IFC 数据交换

EXPRESS 语言是一种面向对象的非编程性语言,主要用于对信息化建模的描述。EXPRESS 语言吸收了 SQL、Ada、C、C++等语言的功能,是一种形式化的语言,其不同于编程语言,不具有相应的输入、输出语句。IFC 标准通过 EXPRESS 语言定义和描述模型数据。IFC 标准中的类、类属性、类与类之间的关系一般通过 EXPRESS-G 图进行表述。EXPRESS-G 图通过矩形框和线型来表示不同的实体类型和关系。最常用的符号是定义符号和关系符号。定义符号主要用来表示枚举数据类型、定义数据类型、选择数据类型、实体数据类型等。通常用矩形框表示定义符号,矩形框的线型有实线和虚线两种,不同的线型代表了关系和定义的不同信息。关系符号用于描述定义间存在的联系,用矩形框间的连接线表示定义间的关系,连接线有实线、虚线、粗实线三种,IFC 标准中 EXPRESS-G 图常用的表述符号如图1-5所示。

图 1-5 EXPRESS-G 图常用符号

建筑工程项目中的梁、柱、墙等建筑构件以及它们的空间、组织、关系等都可以通过基于 IFC 标准的数据模型来描述。基于 IFC 标准的数据模型结构分为四个层次,从低到高依次是资源层、核心层、交互层、领域层。每个层次均包含若干个子模块,每个子模块又都包含用来描述模型信息的实体、类型、枚举、规则和函数。

资源层,是四个层次中的最低层,描述 IFC 标准中最基本的信息,包含了反映建筑构件最基本的属性信息,如尺寸、材质、价格、时间等,是整个 IFC 标准的基础。

核心层，是资源层的上一层，定义了 IFC 模型中的基本框架，并同资源层的信息相链接，使其成为一个整体的框架。核心层包括内核层和核心扩展层两部分。内核层与资源层相类同，用于构建更上层的模块。核心扩展层是核心层中细化的类，包括产品扩展、控制扩展和过程扩展。产品扩展定义了建筑物、建筑构件、场地等，控制扩展和过程扩展分别定义了与建筑项目控制和过程相关的概念，如工作进度、工序等。

交互层，位于核心层之上，定义了领域层中各个专业领域的概念，解决了不同专业领域间的信息交互问题。交互层可共享梁、柱、墙等建筑要素，也可共享管道、通风、采暖等施工服务要素，还可共享资产、家具类型、居住人员等设施管理要素。

领域层，位于最高层，定义了建筑项目各个专业领域所特有的概念，如结构专业领域的桩、承台、支座等，暖通专业领域的风扇、锅炉等，施工管理领域的机械设备、劳务人员等。

为避免引起混乱，各层级应遵循一定的引用规则，低层级不能引用高层级的信息资源，高层级可引用本层级和低层级的信息资源。

1.2 装配式结构概述

随着科技的快速发展、社会的不断进步，人们对于美好环境的追求越来越高，传统的建造模式无法满足可持续发展的要求，建筑行业加快转型势在必行。装配式建筑是指建筑构件和部品部件在工厂内工业化生产，之后运输到施工现场，通过机械化、信息化手段组合拼装而成的建筑，可以形象地理解为"像搭积木一样造房子"。与传统建造模式相比，装配式建筑可以满足节水、节地、节时、节材、节能、绿色环保的要求。近年来，国家和地方出台了一系列政策来推动装配式建筑的发展。2013 年，国家发改委和住建部联合制定了《绿色建筑行动方案》，明确将推动建筑工业化作为十大重点任务之一。2016 年，国务院发布了《中共中央 国务院关于进一步加强城市规划建设管理工作的若干意见》，明确提出装配式建筑的发展速度要求及装配式建筑占据新型建筑的比例要求，即力争用十年左右时间，使装配式建筑占新建建筑的比例达到 30%。2017 年 3 月，住房和城乡建设部印发《"十三五"装配式建筑行动方案》，明确了"十三五"期间的"工作目标、重点任务、保障措施"，为装配式建筑的发展指明了方向。基于相关政策要求和奖励机制，全国各地开始涌现装配式建筑，以装配式混凝土结构为代表的建筑工业化进入了新一轮的快速发展期。

由预制混凝土构件通过可靠的连接方式装配而成的混凝土结构称为装配式混凝土结构,包括装配整体式混凝土结构、全装配式混凝土结构等。装配式混凝土结构在建筑工程中简称为装配式建筑,在结构工程中简称为装配式结构。装配式结构就是用工业化的方式来建造房屋,即系统化设计、模块化拆分、工厂预制、现场装配。相比现浇结构而言,装配式结构具有生产效率高、构件质量好、节省人工、节约环保等优点,但同时也具有整体性较差、构件运输条件受到限制、结构设计难度较大等缺点。

1）装配式结构分类

装配式结构按照纵向受力构件的不同,可分为装配式框架结构、装配式剪力墙结构、装配式框架-剪力墙结构。

（1）装配式框架结构由预制梁、柱、板和其他一些预制非结构构件（如内隔墙等）组成,构件间采用现浇等方式进行连接。装配式框架结构施工技术成熟,并且能提供灵活的使用空间,因此用于大型的商场和厂房等大空间建筑,但其抗震性能差,因此建筑高度受到限制。

（2）装配式剪力墙结构由预制墙、楼板等结构构件和内隔墙等非结构构件组成。预制墙、板间采用后浇整体式等节点连接。因其抗震性能好,户型设计较为灵活,逐渐成为装配式结构主要采用的结构体系。

（3）装配式框架-剪力墙结构由预制梁、柱、剪力墙等结构构件和内隔墙等非结构构件构成。其具有框架结构延性好和剪力墙结构抗震性能好双重优点,但是节点较为复杂,施工难度大。

装配式结构按照装配化程度的不同,可分为全装配式结构、部分装配式结构。

（1）全装配式结构的全部结构构件在工厂预制生产,运输到现场组装连接,主要采取干式连接方法。全装配式结构施工速度快,机械化程度高。

（2）部分装配式结构的主要结构构件一部分采用预制,一部分采用现场浇筑,这种结构的整体性和抗震性均比全装配式结构好,目前应用较多。

2）装配式结构的发展

装配式结构的初步运用从预制构件开始。1875 年,英国的 Henry Lascell 提出了在结构承重骨架上安装预制混凝土墙板的新型建筑方案并获得专利。1891年,Ed. Coignet 公司最先将装配式混凝土梁应用在其承建的工程中。而预制构件的真正运用和发展则是在第二次世界大战后,为了完成战后大量的重建工作和缓解劳动力缺失的现象,预制构件特有的生产方式符合了当时的需求。1960 年,法国建筑科学技术中心确定了大型板式 PCa 构法,其以 Camus 工业化构法和 Coignet 构法为代表。1969 年,日本建设省工业技术研究院实行《推动住宅产业化标准化的五年计划》,并学习欧洲的 PCa 构法,研制出 W-PC(板式钢筋混凝土)构法。美国在 20 世纪 50 年代开始推广应用预制预应力混凝土结构,并于 1997 年颁布了《美国统一建筑规范》(UBC97)。新西兰在 20 世纪 80 年代研发预制框架结构时研制出了预制 T 形和双十字形节点构件。装配式结构在发达国家得到了广泛的发展。

　　20 世纪 50～60 年代,我国装配式结构进入起步和发展阶段,苏联建筑工业化的思想被引入国内,大批预制构件厂出现,预制构件的制作从施工企业中分离,生产的预制构件主要有空心楼板、屋面梁、预制混凝土屋架等。20 世纪 70～80 年代,装配式结构进入快速发展阶段,我国引进预制预应力板柱 IMS 体系,预制构件产品主要有空心楼板、装配式大板、预制楼梯等。由于技术和质量问题,装配式结构的发展进入衰退期。20 世纪 90 年代至 21 世纪初期,我国装配式结构的发展进入低迷期,高层建筑成为主要建设对象,混凝土泵送技术为高层建筑的发展提供了技术上的保障。装配式结构层数低、结构形式单一、跨度小等问题影响到装配式结构的发展。2005 年至今,随着建筑工业化的发展,装配式结构的研究与发展又迎来新的高潮。国内众多建筑企业引进国外先进的装配式结构技术并形成了具有各自特色的装配式结构体系,如世构体系、NPC 结构体系。2013 年,国家出台《绿色建筑行动方案》,要求加快发展工程的预制和装配技术,提高工业化集成水平。2014 年 4 月,住房和城乡建设部批准《装配式混凝土结构技术规程》(JGJ 1—2014)为行业标准。

第二章　　BIM 与建筑全生命周期管理

2.1　BIM 技术及建筑全生命周期管理理论

2.1.1　建设项目全生命周期管理

在传统建设项目管理模式下,项目参与者之间的关系通常为纵向的指令关系,各方在一定程度上彼此孤立,信息不流通。不同阶段的项目目标、计划、控制管理的主要对象不同,导致管理活动的非连续性、相互独立性和项目的内在联系被割裂。而建设项目大型化的趋势导致了业主方的需求变化以及各参与方介入项目时间和角色的变化。如何采取适当的管理模式来改善管理问题,以适应新趋势下各方管理角色的变化,从而最大限度地提高项目管理效益,已经成为一个极为重要的研究课题。

对建设项目进行全生命周期管理,目的在于寻找项目目标的平衡点,以达到最佳效果,且必须以信息技术作为支撑。近年来,业界提出了一些基于信息技术的建设项目生命周期管理解决方案,而其中最受关注的是 BIM。BIM 作为一种先进的工具和工作方式,符合建筑行业的发展趋势。BIM 不仅改变了建筑设计的手段和方法,而且通过在建筑全生命周期中的应用,为建筑行业提供了一个革命性的平台,并将彻底改变建筑行业的协作方式。

1) BIM 技术应用于项目全生命周期的优越性

通过 BIM 技术可以对项目的重难点部分进行可建性模拟,按月、日、时进行施工安装方案的分析优化。在整个工程施工过程中,借助 BIM 技术对施工组织进行模拟,可以使项目管理方直观地了解整个施工安装流程,以及安装完成进度,并清晰地把握安装过程中的难点,以便进一步对原有安装方案进行优化和改善,以提高施工效率和施工方案的安全性。

BIM 不仅可以集成建筑物的完整信息,同时还提供了一个三维的交流环境。BIM 可提供一个便于施工现场各方交流的沟通平台,降低由于各专业间设计协调造成的成本增加,提高施工现场生产效率。BIM 模型和运营维护管理系统两者相结合不仅可以充分发挥空间定位和数据记录的优势,对历史数据进行跟踪记录,还能够保障以后的维修、翻新过程中使用的数据的完整性。

BIM 不仅可以用于有效管理建筑设施及资产等资源,还可以帮助管理团队记录空间的使用情况,处理用户要求空间变更的最终请求,分析现有空间的使用情况,合理分配建筑物空间,确保空间资源的最大利用。

综上所述,BIM 在全生命周期中的实施通过软件平台的构建和本土化发展策略两方面来保障,BIM 软件平台的构建能够保障项目各阶段、各个参与者信息的传递安全共享,以确保项目全生命周期目标的实现。在整个建设项目中,结构复杂、参与方众多、建设周期长,那么如何实现建设项目全生命周期各个阶段信息的共享和利用就成了当前建筑业需要解决的问题之一。

2)BIM 技术在项目全生命周期的应用

BIM 应用按照建设项目从规划、设计、施工到运营的发展阶段分类,有些应用跨越多个阶段,有些应用则局限在某一阶段内。大量的项目实践表明,BIM 技术大大促进了建筑工程全生命周期的信息共享,建筑企业之间多年存在的信息隔阂被逐渐打破。这大大提高了业主对整个建筑工程项目全生命周期的管理能力,提高了所有利益相关者的工作效率。下面按阶段分别论述其应用状况。

(1)决策阶段

建设项目在决策阶段管理的目标是选择合适的建设项目并确定相应的投资目标。建设项目决策阶段是对不同建设方案进行技术经济比较、选择及做出科学决策。有了 BIM 技术,就可以同时分析几个类似建筑的 BIM 档案信息,对这些信息进行对比参考。显然,依据这些数据做出科学决策可以减少不必要的经济、时间和精力的浪费。

(2)设计阶段

BIM 技术首先应用于设计,对设计单位来说,BIM 采用三维数字技术,实现了可视化设计。由于 BIM 技术实现了图纸和构件的模块化,并且有功能强大的族和库的支持,因此设计人员可以方便地进行模型搭建。BIM 技术创建的工程项目模型实质上是一个可视化的数据库,这是与传统绘图软件显著不同的地方;另一个不同之处是,采用 BIM 技术以后,枯燥的制图变成一个类似“搭积木”的工作,过程和结果都更加直观,更有趣味性。

建筑造型方案的 BIM 模型还可以无缝传递给结构专业,结构工程师对建筑模型完成受力分析及结构设计,增加了结构模型后,再将包含有建筑、结构信息的 BIM 模型传递给设备安装专业进行给排水、暖通、电气等设计工作,增加安装工程模型信息。所以,现在的 BIM 模型包含了建筑、结构、安装专业的所有数字信息,实现了各专业的协同,避免冲突,降低成本。

(3)招投标阶段

在招投标阶段,利用 BIM 模型,可直接统计出建筑的实物工程量,根据清单计价规则套上清单信息,形成招标文件的工程量清单,快速计算招标控制价,同时投标单位可以按照招标文件要求自主报价,招投标变得简单快捷。

(4)施工阶段

对施工单位来说,BIM 模型从三维拓展到五维,不仅包含了工期和造价等信息,而且能够同步提供施工所需的信息,如进度成本、清单,施工方能够在此基础上对成本做出预测,并合理控制成本。

(5)运营阶段

建设项目在运营阶段管理的目标是维持项目的使用功能,控制项目运营费用。利用 BIM 模型可以进行数字化管理,比如,可以合理布置监控摄像头,科学进行安防;可以进行建筑和设施维护;当发生火灾等灾害时,科学地指导人员快速疏散和营救等。

(6)拆除阶段

建设项目在拆除阶段管理的目标是在建设项目达到寿命终点时,将建筑废弃物转化为再生资源和再生产品,降低对社会及环境的影响。建筑物经鉴定其寿命周期达到“终点”后,将会变成建筑废弃物,利用 BIM 模型可以分析拆除的最佳方案,确定爆破方案的炸药点设置是否合理,还可以方便地计算建筑拆除残值,变废为宝。

3)BIM 全生命周期管理存在的问题及原因

当然,现在 BIM 技术在国内仍处于发展阶段,因此很多技术还不够成熟,这也直接导致了应用 BIM 技术进行全生命周期管理存在一些问题。

(1)工程管理信息共享性差

在工程建筑领域,目前我国工程管理信息化水平还较低,制度和体制的不完善,使得建设前后数据不能互相利用,各部分专业人员无法进行沟通,信息资源不能共享。主要原因是缺乏一个信息交流的技术平台,导致无法对建设项目全生命周期成本进行分析。

（2）缺乏统一的历史成本数据资料

国外的一些成功经验，对建设成本和未来成本的分析计算基本上都建立在已完工的工程造价信息的数据库管理技术的基础上，主要突出特点是科学、动态、准确。然而在我国，体制不完善，已完工的工程历史数据由施工单位、设计单位和建设单位保存，没有利用数据库技术进行统一的管理，更不会对一些设计细节进行探讨分析。

（3）对未来成本估算与性能预测的固有风险性和不确定性

这个也是建设项目全生命周期成本管理中的难点，在我国，缺乏应用现代技术对建设项目全生命周期成本的多种风险和不确定性进行修正与补充，且相关体制并不完善，导致很难在建设初期准确确定成本。

2.1.2　BIM 技术理论与工程项目协同管理

工程项目协同管理是现代工程项目需求和发展的产物。由于工程项目具有人员流动性强、资源种类多样、组织关系复杂等特点。因此，需要运用协同管理理念对项目参与人员及项目资源进行整合，从而更好地实现项目的目标，该理念将项目管理理论与实践提高到了一个新的阶段。

近年来，BIM 技术在工程建设领域的快速发展，给国内建筑企业带来了新的机遇，同时也提出了新的挑战。借助 BIM 技术，改变建筑企业传统的项目管理方式，将是新形势下提升市场竞争力的关键要素之一。在 BIM 信息协同管理过程中，项目各参与方在项目不同的实施阶段，将自身所掌握的项目相关信息录入 BIM 模型中，以支持 BIM 协同工作。BIM 模型大体上集成了工程项目各阶段各类的相关项目信息，同时，集成的 BIM 模型不仅包含项目的建造信息，还提供了更为丰富的项目可视化信息，强化了项目全寿命周期的信息管理。通过 BIM 集成的项目信息，项目各参与方可以进行很好的沟通和配合，减少了施工图设计以及现场施工过程中的变更次数，实现了建筑设备管线的综合优化、现场施工方案的模拟等。

传统的工程项目协同管理参与方较多，项目信息数量庞大、内容复杂，经常出现信息数据不透明等现象，导致项目信息不能有效在各参与方之间进行传递与共享，极大降低了项目管理效率。然而，BIM 作为数字化模型平台，从决策、设计、施工到运营维护，可以实现整个工程项目全生命周期的信息共享。由此可知，将 BIM 技术应用于工程项目协同管理，能够有效提高项目信息的共享程度和使用效率，进而提高工程项目管理效率。

因此,运用 BIM 技术对工程项目进行信息协同管理,使项目信息数据透明化,为建设方进行协同管理提供及时、准确的信息,从而提高项目管理的科学性,值得思索和探究。

2.1.3　BIM 技术相关标准体系

本节按照适用层次将 BIM 标准分成两类,第一类是经过国际 ISO 组织认证的国际标准;第二类是各个国家根据本国 BIM 具体的实施情况而制定的国家 BIM 操作指南。

1)国际标准

(1) IFC(Industry Foundation Classes,工业基础类)标准

随着一项新技术的产生,传统的工程建设标准必然面临冲击与改革,国际协同联盟(IAI)发布了针对建筑工程数据处理、收集与交换的 IFC 标准。IFC 标准的制定旨在解决各项目参与方、各阶段之间的信息传递和交换问题,即从二维角度出发解决数据交换与管理问题。为不同软件之间提供连接通道、解决数据之间互不相容的问题是 IFC 标准的一大突破。当在建设工程项目中同时运用多个软件时,可能存在软件之间的数据不能够相互兼容的现象,导致数据无法交换、信息无法共享,而 IFC 标准作为连接软件间的桥梁通道,最大限度地解决了数据交换和信息共享问题,从而节约了劳动力和设计成本。

(2) IDM(Information Delivery Manual,信息交付手册)标准

随着 BIM 技术的应用推广,对于信息共享与传递过程中数据的完整性和协调性的要求越来越高,IFC 标准已无法解决此类问题。因而需构建一套能够将项目指定阶段的信息需求进行明确定义以及将工作流程标准化的标准——IDM 标准。IDM 标准可解决 IFC 标准在实施时遇到的瓶颈——对于与 IFC 兼容的软件,如何确保那些不熟悉 BIM 以及 IFC 的用户收到的信息是完整正确的,并且能够将这些信息用于工程应用的特定阶段。IDM 标准的制定旨在将收集到的信息进行标准化,然后提供给软件商,最终实现与 IFC 标准的映射。IDM 标准能够降低工程项目全生命周期信息传递的失真性,提高信息传递与共享的质量,在 BIM 技术运用过程中创造巨大价值。

(3) IFD(International Framework for Dictionaries,国际框架字典)标准

IFC 和 IDM 标准不足以满足 BIM 在工程全生命周期标准化的要求,还需一个能够在信息交换过程中提供无偏差信息的字典——IFD 标准。换言之,IFD 标

准是与语言无关的编码库,储存着 BIM 标准中相关概念对应的唯一编码,为每一位用户提供所需要的无偏差信息,包含了信息分类系统与各种模型之间相关联的机制。IFD 标准解决了全球语言文化差异导致 BIM 标准难以统一定义信息的问题。在这本字典里,每一个概念都由唯一标识码来定义,若由于文化背景不同难以识别,则可以通过 GUID(Global Unique Identifier,全球唯一标识)与其对应找到所需的信息。这一标准为所有用户提供了便捷通道,并且能够确保每一位用户得到的信息的有用性与一致性。

2)国内外具体国家的 BIM 操作指南

(1)美国

美国较早地将信息化引入建筑领域,BIM 技术发展位于世界前沿。2007 年,美国率先依据 IFC 标准研究发布了 NBIMS(National Building Information Modeling Standard)标准第一版。其后 2012 年美国 Building SMART 联盟对 NBIMS 标准第一版中的 BIM 参考标准、信息交换标准与指南和应用进行了补充和修订,发布 NBIMS 第二版。为了更有效地落实 BIM 技术的应用,NBIMS 标准第三版在原有版本的基础上增加了模块内容,还引入了二维 CAD 美国国家标准。之所以引入二维图纸,是因为 BIM 应具有将二维、三维等更高数据格式维度进行整合的功能,二维图纸在 BIM 技术实际运用过程中仍旧起着不可替代的作用。美国 NBIMS 标准发展较为完善,为每一位用户提供 BIM 过程适用标准化途径,有利于保护用户利益,增加用户对标准的使用信心。美国的 BIM 标准的一大亮点就是整合项目全生命周期的各参与方,依据统一标准签订项目所需所有合同,合理共享项目风险,从某种程度上来说亦即进行经济利益再分配。但美国的 BIM 标准只停留在理论层面,实际操作经验尚浅。

(2)英国

英国政府强制要求使用 BIM 技术,这成为促进 BIM 发展的一项重要因素。英国建筑业 BIM 标准委员会(AEC)在 IFC 标准、NBIMS 标准的基础上于 2009 年颁布了英国建筑业 BIM 标准;分别于 2011 年 6 月和 9 月发布了基于 Revit 和 Bentley 平台的 BIM 标准。目前,AEC 也在致力于适用于其他软件的 BIM 标准的编制,如 ArchiCAD、Vectorworks 等。英国政府参照 IFC 标准以及 COBie 标准为生产商和设计师创造了一个平台,通过此平台来达到信息传递与共享的目的。业界对于英国 BIM 标准的评价非常高,不仅因为其具有很强的可操作性,其应用于实际工程中的经验也较为丰富。

（3）日本

日本最早提出信息化的概念，并于 1995 年开始大力推动建筑业信息化。在此之后日本便发布了建筑信息化标准（简称 CALS/EC）。日本政府对于建筑业信息化管理的要求非常高，基于工程项目的全生命周期，所有信息都要实现电子化、管理过程信息化。日本政府要求所有参与公共项目建设的建筑企业不仅要达到所需的信息化程度，还要符合一定的标准化要求，如此强制性的规定无疑加速了日本建筑企业科技创新的步伐。2012 年，日本建筑学会（JIA，Japanese Institute of Architects）发布了从设计师角度出发的 BIM 导则，明确了 BIM 组织机构以及人员职责，将原来的设计流程调整为四阶段设计流程，以达到减少浪费、提高工程效率和质量的目的。导则虽然讨论了 BIM 费用承担的问题，但是对于收益分配原则及归属并未做出明确规定。值得注意的是，日本以 BIM 技术为指导的工程合同一般为固定总价合同，其间的风险由分包商来承担，这恰恰与美国应用 BIM 技术为业主带来收益的目的相反。

（4）中国

目前，BIM 在我国快速发展，但限于 BIM 标准的制定还未全面铺开。在标准的制定过程中，相关政府部门尚未发布具体实施的行业规范与操作指南，但相关单位已带头着手 BIM 标准的编制工作。2005 年 6 月，中国的 IAI 分部在北京成立，标志着中国开始参与国际标准的制定。2007 年，中国建筑标准设计研究院通过简化 IFC 标准提出了"建筑对象数字化定义"标准，该标准是根据我国国情对 IFC 标准改编而来的，其规定了建筑对象数字化定义的一般要求，但未对软件间的数据规范做出明确要求，只能作为 BIM 标准的参考。2008 年，中国建筑科学研究院和中国标准化研究院等机构基于 IFC 标准共同联合起草了《工业基础类平台规范》（GB/T 25507—2010）。至此，BIM 在中国的发展还停留在初步的学习层面，在 BIM 体系的研究方面未获得实际成果。2009 年，国家住宅与居住环境工程技术研究中心、清华大学、中建国际设计顾问有限公司、欧特克等单位共同开展了中国 BIM 标准课题的研究，清华大学软件学院 BIM 课题组在欧特克中国研究院（ACRD）的全程支持与协作下，开展了为期两年的 BIM 标准研究，于 2010 年在参考 NBIMS 的基础上提出了中国建筑信息模型标准框架（China Building Information Modeling Standard，CBIMS），该框架包含了 CBIMS 的技术标准——数据存储标准 IFC、信息语义标准 IFD 与信息传递标准 IDM，以及 CBIMS 实施标准框架，将技术标准上升到实施标准，从资源标准、行为标准和交付标准三方面规范建筑设计、施工、运营三个阶段的信息传递。

基于上述我国 BIM 的研究现状,可以看出由于目前国家政府以及行业主管部门尚未颁发 BIM 标准和指南,整个行业缺乏统一的认识,从而阻碍了 BIM 的发展。但是,要发布符合本国行情的指南也非易事,需综合考虑各方面的因素。可从三个方面来展开:软件的开发、建筑规范、数据格式。目前国内 BIM 应用的软件主要是国外软件公司开发的,如 Revit、Bently、ArchiCAD、Digital Project 等软件,本土软件虽然数量不少,但是未能有一个软件真正满足项目全生命周期的应用要求。值得一提的是,目前国内有多家大型软件企业开展了 BIM 软件的研发与推广,如斯维尔、广联达、鲁班等。从技术角度与经济角度分析,目前都不可能出现新的满足要求的 BIM 软件来代替企业当前使用的软件,从中国建筑业 BIM 发展的远景来看,国产 BIM 软件的开发是必须的环节。因此目前要注意的是,制定的标准应以当前行业软件为基础。

2.2 工程项目利益相关者信息交付

本节研究 BIM 工程项目中的信息交付方法,以工程利益相关者为切入点,描述各利益相关者的自身特征,从而更好地进行需求分析。由于采用不同的项目采购模式,利益相关方信息需求不同,对项目产生的影响不同,BIM 技术在其中的应用也不同,因此本节研究的第一步,就是确定一个理想的 BIM 工程项目中的最佳工程采购模式,第二步则是对该模式下的利益相关者进行研究。

2.2.1 工程项目信息交付模式

1）工程项目信息交付概念

信息交付是发出和接收信息的过程,具体到工程项目中,是指以促进信息共享为核心,贯穿规划、设计、施工与运营整个建筑全生命周期的信息集成,对工程数据进行有效的管理,实现多专业协同工作。在 BIM 技术中,信息表达从二维的点、线、面转变为基于对象的三维形体与属性集,信息内容描述不但包括工程对象的 3D 几何信息和拓扑关系,还包括完整的工程信息,是建筑全生命周期过程中各部门、各专业共同创建、共享、维护、可持续利用的信息数据库。

工程项目信息交付需要具备高效性、准确性和完整性三个特征。建筑工程是多专业参与的综合性工程活动,工程项目信息量巨大,通常一个单体项目的信息含

量达 10^6 量级。目前,随着 BIM 技术的推行,相关 BIM 信息体量也在猛增,而且其应用数据来自不同的软件商,由于工程建设各阶段以及各专业遵循不同的数据标准,因此在这过程中使用的 CAD 软件和 BIM 软件在信息交互上具有高度的孤立性,难以进行高效的数据存储与管理,导致信息共享和交互的不畅。主要表现在以下几点:第一,工程建设过程中存在多种的文件格式,无法保证信息交互的准确性;第二,不同软件间的信息交互流程存在很大差异性,无法保证信息传递的完整性;第三,上游专业或阶段的信息交付常常无法满足下游专业或阶段的全部需求,文件数据量非常庞大,无法有效地对工程进行集成管理;信息查询与管理存在障碍,无法保证信息交付的高效性;第四,对于工程项目的各参与方来说通过 BIM 模型获取所需信息的同时会耗费大量资源,不利于提高工作效率,协同工作难以进行;第五,BIM 信息在传输与共享的过程中冗余信息大量出现,不利于信息的共享和保存,信息的利用效率低下。

解决这些问题的方法就是实现多专业间的协同工作,对工程数据施行有效的管理。为了实现这一目标,需要进行以下两个方面的研究:一方面,需要建立统一的数据标准,在工程建设中大力推行基于该标准的数据存储方案,使数据存储实现物理上或逻辑上的集中,并且具有多项目多专业多阶段的数据存储能力,成为数据应用与管理的坚实基础;另一方面,在上述数据存储模式的基础上建立集成管理模式,真正实现工程项目信息交付的准确性、完整性和高效性。BIM 技术的发展需要多种专业软件的支持,而各个软件之间通过 IFC 标准进行建筑信息的共享与转换,因此,如何使 IFC 标准更好地服务工程项目建筑信息在多参与方多专业间的交互与共享是 BIM 应用推广面临的重要课题之一。

2)工程项目信息交付方法

由于采用不同的项目交付模式,利益相关方信息需求不同,对项目产生的影响不同,BIM 技术在其中的应用也不同,因此所需的信息交付需求也会随之改变。为了确定工程项目信息交付的方法与需求定义,首先需要对工程项目信息交付模式进行研究。

现如今 BIM 工程项目有四种主要的采购模式:设计-招标-建造(Design-Bid-Build,DBB)、设计-建造(Design-Build,DB)、风险式建设项目管理(Construction Management at Risk,CM@R)以及整合项目交付(Integrated Project Delivery,IPD)。

(1)设计-招标-建造模式

大部分建筑物都是采用设计-招标-建造(DBB)的方法来建造的,这种方法的两个主要好处是:较具招标竞争性,可为业主尽可能争取到最低的价格;较少业主可能选择特定承包商(后者对公共工程项目尤为重要)。但其信息交付方法还存在着如下不足:

在 DBB 模式中,客户(业主)聘请建筑师进行建筑设计,而将结构、空调系统、管道及水电组件工程分包给各专业设计分包商。这些设计都是记录在图纸上的(平面、立面、3D 透视),所有设计必须协调一致,以反映所有的更改。最终的招标图和规格需要包含足够的细节,以推动施工招标。由于潜在的法律责任,设计师通常会选择性地在绘图中包含较少的详细信息,业界的这种做法往往会导致纠纷。

在开工前,分包商及制造商必须绘制出制作大样图,若制作大样图不正确又不完整,或它是根据一些包含错误、不一致或疏漏的样图而绘制的,则在工地现场将会出现冲突,为了解决这些冲突将会付出昂贵的代价。

设计中的不一致、不准确及不确定性,让预制变得困难,使得大多数制作与施工必须在精确的条件都建立后,才能在工地现场进行。而且现场施工作业通常生产周期长、质量参差不齐。

施工阶段常因各方原因造成变更,每个更改必须有个流程来认定起因、分配责任,评估时间及成本的影响,提供解决问题的策略。之后需要将变更通知到受影响的各方,尽管使用某些交流的网络工具能让项目团队掌控每次更改,但它们无法解决问题的根源。

DBB 过程需要等到业主核准标案后,才能进行材料的采购,这意味着交货期较长的材料可能会拖延项目进度。这项因素和下面描述的其他因素,说明 DBB 方法通常比 DB 方法需要花费较长的时间。

因为提供给业主的所有信息都以 2D(书面或同等电子档)形式传送,业主必须付出相当多的精力,将所有相关信息传送给负责维修及运营的设施管理团队,这个过程耗时、易出错。这些问题的存在导致 DBB 模式并不是适合 BIM 项目信息交付的方法。

(2)设计-建造模式

设计-建造模式将设计方与施工方的责任整合,使其成为一个单一订约主体,从而减轻了业主的管理任务。由承包商进行工程设计或设计管理和协调,提高了设计的可施工性。同时不需要等到建筑物所有部分的详细施工图完成后再开始基础建设和早期建筑构件的建造,因此可以缩短工期。DB 模式信息交付方法的不足主要是业主无法参与建筑师/工程师的选择,以及工程设计可能会受施工方的利益影响。

（3）风险式建设项目管理

风险式建设项目管理（CM@R）是一种从施工准备期到施工阶段，由业主雇用设计师提供设计服务，并雇用工程管理单位提供整个项目施工管理服务的一种项目交付方式。这些服务可能包括准备和协调投标计划、调度、成本控制、价值工程分析及施工管理。建设经理人需保证项目的成本（保证最高价格，或 GMP：Guaranteed Maximum Price）。在 GMP 决定前，业主需负责设计。不同于 DBB，CM@R 在设计阶段就引入建造者，让他们在具有决定性的阶段发声。此项目交付方式的益处，在于尽早让承包商参与，并降低业主因成本超支带来的法律责任。

但是此交付方式中设计师和工程管理单位间的沟通以及模型的创建与信息交互存在信息孤岛，如何处理好设计师、建造者以及管理者之间的关系，确定模型创建与维护的主导方，保证各方的通力合作与有效沟通是业主方所面临的难题。

（4）整合项目交付

整合项目交付又称作项目集成（整体）交付。IPD 的基本思想是集成地、并行地设计产品及其相关过程，将传统序列化、顺序进行的过程转化为交叉作用的并行过程，强调人的作用和人们之间的协同工作关系，强调产品开发的全过程。

美国推行的 IPD 模式是在工程项目总承包的基础上，把工程项目的主要参与方在设计阶段整合在一起，着眼于工程项目的全生命期，基于 BIM 协同工作，进行虚拟设计、建造、维护及管理。共同理解、检验和改进设计，并在设计阶段发现施工和运营维护阶段存在的问题，测算建造成本和时间，并共同探讨有效方法解决问题，以保证工程质量，加快施工进度，降低项目成本。IPD 模式自从在美国推广以来，已成功应用于一些工程项目，充分体现了 BIM 的应用价值，被认为具有广阔前景。与欧美发达国家相比，我国 BIM 研究起步并不晚，但由于施工企业项目管理模式及水平的限制，BIM 在施工阶段的推广应用比较缓慢，尤其是 IPD 模式更为困难。然而，国家政府的重视，行业发展的需求，促进了 BIM 更深层次的研究和推广，IPD 也被越来越多的企业所认识和接受。引入 IPD 理念和应用 BIM 技术，已成为当前施工企业打造核心竞争力的重要举措。

3）工程项目信息交付模式选择

DBB 模式在 BIM 应用上反映出的最大挑战是施工方不参与设计，因此在设计完成后，必须重新建立一个模型。DB 模式提供了一个利用 BIM 技术的良好机会，因为设计和施工由单一实体负责。CM@R 模式允许施工方在设计阶段参与工程项目。而 IPD 模式可以极大化地享受 BIM 技术所带来的利益，其他采购方法也因

BIM的使用而受益,但仅可获得部分好处,因此理想情况下,BIM工程项目中的最佳采购模式是IPD模式。

2.2.2 利益相关者理论

根据工程项目的特点和利益相关者的界定,可以从两个方面理解工程项目的利益相关者:一类是从项目本身出发,直接对项目有影响的个人或团体;另一类从项目的整体环境出发,强调利益相关者对项目的影响。本节的BIM工程项目利益相关者是指在采用BIM技术的工程项目的建设中,与工程项目存在利益关系,一定程度上能够影响项目目标的实现或因为项目的变动而受到影响的个人或团体。

参照国内项目中利益相关者的分类研究,本书对BIM工程项目利益相关者的分类标准是:对项目的影响程度,主要分为首要的利益相关者和次要的利益相关者。结合BIM技术的自身特点,本书所涉及的BIM工程项目利益相关者包括:① 业主方;② 设计工程师方;③ 承包商方;④ 专业分包商和制造商方。

(1)业主方

本书中的项目业主方包括投资者、开发者、财产所有者、设备管理者。这些机构使用BIM技术的目的以及BIM能够为它们带来的价值具有类似性。

(2)设计工程师方

本书中的设计工程师方是指各类工程地质勘查、民用与工业建筑设计及各类专项设计咨询服务机构的总称。本书着重介绍民用建筑设计机构的BIM技术应用,包括建筑和结构等土建专业,以及给排水、暖通空调、电气、消防等机电设备专业的BIM应用。

(3)承包商方

本书中的承包商方是指除专业分包商以外的承包商,包括总承包商和施工承包商。承包商利用BIM技术可以节省时间和成本。一个完善的建筑模型可以给团队所有参与者带来益处。它能事前有效规划建造程序,确保建造的顺畅,不但节省时间和成本,还能减少误差及错误发生的概率。

(4)专业分包商和制造商方

目前,专业化预制施工的发展使得预先组装和异地制造在建筑元件或建筑系统中所占有的比例日益增加,不同于批量生产的现成零件,复杂的建筑物需要客户化工程订单(Engineered to Order,ETO)的设计和制造元件,因此本书中的专业分包商和制造商方包括结构钢材、预制混凝土结构和建筑立面、各种类型的幕墙、

MEP(暖通、电气和给排水)系统、木质屋顶桁架和钢筋混凝土倾斜面板等专业的分包商和制造商。

2.2.3　利益相关者的信息交付

1) 利益相关者信息交付需求分析

现代工程项目和项目管理的发展变化,以及工程项目内外部的复杂环境,都使得项目需求越来越难以被明确定义。只有结合 BIM 技术的特点,立足于项目利益相关者的价值需求分析,才能实现项目的核心价值。只有实现了基于项目利益相关者的核心价值,项目才是成功的。

工程项目需求分析首先要解决的问题是确定利益相关者,理解利益相关者的需求;通过资料收集及问卷调查等方法获取需求信息;对不明确、不清晰的需求进行分解,确定需求的层次、类型;确定需求的范围,将利益相关者需求与项目需求进行对比,剔除不可实现性的需求;对需求进行冲突分析,剔除利益相关者之间的冗余需求;持续改进需求,并最终获得明确的项目需求。在结合 BIM 技术的工程项目中,利益相关者的需求分析还需要在明确 BIM 技术在各利益相关方的主要应用范围的基础上再对其进行信息交付需求分析。如表 2-1 所示为 BIM 在各利益相关者中的主要应用。

表 2-1　BIM 在各利益相关者中的应用

项目参与方	BIM 应用领域	模型元素	对业主的利益
设计工程师	空间规划与方案协调	成本信息	确保符合方案需求
	能源(环境)分析	项目信息、空间信息、建筑构件信息	改善能源效率
	设计配置/方案规划		提高设计品质
	建筑系统分析/模拟		提高建筑物性能与品质
设计工程师、承包商	设计沟通、审查	项目信息、空间信息、建筑构件信息	沟通便利
	工程量计算与成本估算	成本信息	在设计阶段有更可靠且简单的估算方法
	设计协调、碰撞检查	运维信息	减少工地现场施工冲突和施工费用

项目参与方	BIM 应用领域	模型元素	对业主的利益
承包商、专业分包商和制造商	进度模拟	项目信息、空间信息、建筑构件信息、建筑附属构件信息	视觉化的进度沟通
	工程管控	运维信息	项目活动追踪
	预制	建筑构件信息、建筑附属构件信息	减少现场人力和提高设计品质
业主	试算分析	成本管理	提高成本可靠性
	营运分析	可持续发展性、成本管理	提高建筑物性能与可维护性
	委托及资产管理	资产管理	增强设施与资产管理

在明确 BIM 技术在各利益相关方的主要应用范围的基础上,对四个利益相关方的信息交付需求分析如下:

(1)业主方信息交付需求分析

① 增强建筑表现,利用 BIM 对能源及灯光进行设计和分析,改善建筑的整体性能;

② 降低财务风险,利用 BIM 模型可以获得更可靠的成本估算;

③ 缩短建造时间,在设计阶段深化设计和检测冲突,提高设计的可施工性,减少现场施工的时间;

④ 提前获取可靠的成本估算,可作为未来重大决策的参考;

⑤ 确保程序符合规定,利用建筑模型可即时分析建筑与业主需求或当地法规是否相悖;

⑥ 优化设施管理与维护,借由建筑物和对应的设备信息,启动设施全生命周期的系统。

(2)设计工程师方信息交付需求分析

① BIM 能更轻易地运作复杂的建筑外形,并能更深入地检查和评估初步设计。

② 工程技术服务的整合。BIM 支持新的信息工作流程,可以用相应的模拟和分析工具将其进行更密切的整合。

③ 施工阶段建模。包含详图、规格和成本估算。这是 BIM 的基础功能。这一阶段也说明了哪部分工作是可以通过协作设计-施工这一程序完成的,比如设计-建造(DB)和整合项目交付(IPD)等模式。

(3)承包商方信息交付需求分析

① 对建造者来说,最重要的是尽可能提早参与建造项目,或寻找希望承包商及早参与的业主。承包商和业主也可以考虑让分包商和产品制造商加入 BIM 的工作。

② 虽然在设计阶段完成后,承包商的潜在知识价值会部分流失,但是承包商可以借助建筑模型来辅助开展各种建造工作,仍然可以给承包商和项目团队带来显著的好处。

③ 建筑信息模型信息的详细程度是由其使用目的决定的。例如对于完尽的成本估算,模型必须要有足够的精细度。对于借助电脑的辅助进度分析,模型就不需要太精细,但它必须包含临时工程和显示施工阶段的分期工程。

(4)专业分包商和制造商方信息交付需求分析

① 由于 ETO(Engineered to Order)元件具有各自的特性,因此需要设计师进行细心合作,以保证每个元件都符合建筑的需要,且不能受其他系统的干扰,同时又能和其他系统正确接合。在 2D CAD 系统里进行设计和协调费时费力且很容易出错。针对这个问题,BIM 的解决方案是在生产之前用虚拟的方式构建每个元件,协调所有的建筑系统。对于分包商和制造商而言,使用 BIM 的益处包括:通过可视化和自动估算方便市场销售和展示;缩短细部设计和生产的时间周期;几乎可消除所有的设计协调错误;用数据进行自动制造,降低细化成本。

② 准确、可靠、可交互的信息在任何一项产品的供应链中都是重要的,正因为如此,如果工程设备跨越多部门甚至跨越整个供应链,那么通过 BIM 系统可以精简施工方法。

③ 为了在加工详图上派上用场,BIM 平台至少需要具备支持参数化设计和可自定义零件与关联的功能,提供与管理信息系统的接口,并且 BIM 平台要能从设计师的 BIM 平台输入建筑模型信息。理想情况下,BIM 平台应能提供良好的可视化虚拟信息模型以及适合电脑化控制的机器在进行自动制造作业时所需要的输出数据。

2)利益相关者信息交付模型

前面已对基于 BIM 技术的工程项目利益相关者的信息交付需求进行了详细

分析。建筑工程项目涉及多专业、多参与方的信息集成交付全生命周期管理,依托 BIM 技术,采用 IPD 模式,可以实现工程项目信息在各专业与各参与方之间完整、高效、准确的信息传递。IPD 模式下的利益相关者信息交付应用模型如图 2-1 所示。

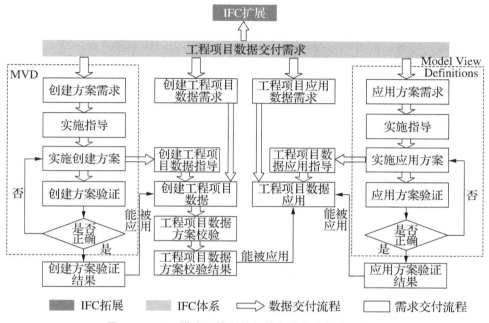

图 2-1　IPD 模式下的利益相关者信息交付应用模型

2.3　BIM 技术在进度管理中的应用

2.3.1　BIM 技术对进度控制应用的必要性

随着建筑行业人工成本、融资成本的大幅提高,如何更加精确地控制进度、节约成本显得十分重要。过去常用 CAD 技术图纸编制进度计划,主要包括横道图和网络计划图。传统进度管理的不足之处主要有:

① 在很大程度上要依靠项目管理者的经验和能力,不利于进度控制。

② 网络计划图具有很强的专业性,只有内部的人员可以参与交流,不利于其他参与单位之间的沟通。这样会导致进度偏差不能及时得到改正。

③ 只能依靠项目管理者的经验和定期的工作会议,判断施工进度是否出现问

题。需要专业技术人员根据施工实际情况对进度安排重新调整,一级一级地传递下去,协调难度增大。

4D 技术将进度相关的时间信息和静态的 3D BIM 模型链接,实现 BIM-4D 的施工进程动态模拟,可以将整个施工进程直观地展示出来,从而使得项目管理人员可以在三维可视化环境中查看施工作业,实现施工过程的可视化。4D 可视化使得计划人员可以更容易识别出潜在的作业次序错误和冲突问题,且在处理设计变更或者工作次序变更时更有弹性。此外,施工计划的可视化使得项目管理人员在计划阶段更易预测建造可行性问题和进行相关资源分配的分析,从而在编制和调试进度方案时更富有创造性。4D 模拟可以实现施工进度、资源、成本及场地信息化、集成化和可视化管理,从而提高施工效率、缩短工期、节约成本。

2.3.2 工程项目进度管理 BIM 工具

(1) 建模工具

可以选择欧特克公司的 Revit 或 Navisworks 以下简称 NW)等软件作为基本的三维数据处理平台。二者都能赋予构件三维信息,其中 NW 软件可以更好地处理进度计划软件的接口问题,在施工中应用更广泛。NW 软件能够直接导入 Revit 或 AutoCAD 软件中的信息,除了具有 Revit 软件的基本三维定义及展示功能外,它还能将此三维信息与四维的进度进行结合,较好地解决了三维模型软件与进度计划软件之间的接口问题。除了外部进度信息的导入外,也可直接在 NW 软件中通过 Timeliner 模块对构件进度信息进行编辑,并进行动态的播放。

(2) 进度计划编制工具

良好的进度计划有利于项目各参与方的协作。甘特图、网络图等是传统项目管理中常用的计划编制方法。随着信息技术的发展,项目进度计划不再是通过手工绘制,利用相关软件的开发应用,使其通过计算机得以实现。目前 Primavera 6.0、Project 等以项目进度管理为核心功能的项目管理软件被大量地应用于项目进度计划的编制过程之中。此类软件能够根据工作时间和资源分配自动计算项目工期,并安排项目计划,支持多种视图跟踪项目进展,输出多种形式的进度计划和分析报告。

Project 是以进度计划为主要功能的项目管理软件,该软件能够编制进度计划,管理资源分配,生成预算费用,绘制商务报表,并能输出报告,在全世界范围内得到广泛的应用。此软件对于一般情况下要求不高的项目管理比较适用,但仍存在一些不足,不适用于协助复杂项目的管理。Project 软件虽在资源层次划分、费用管理方面功能较弱,但市场定位明确,价格低廉,可以提升项目管理者的实战能力,实现项目的有效监控,加强团队间的协作,优化工作流程,实现项目目标。

Primavera 6.0 简称 P6,其集成现代项目管理知识体系,采用 SQL Server 和 Oracle 大型关系数据库技术,能够将项目管理理论通过计算机变为一项实用技术。P6 支持多用户在同一时间内集中存取所有项目的信息,它是一个集成的解决方案,包括基于 Web、基于 C/S 结构等的不同组件以满足不同角色的项目管理人员的使用。P6 采用了模块化的设计思路,由 MM(Methodology Management)模块、PM(Project Management)模块、PA(Project Analysis)模块、TM(Team Member)模块和 My Primavera 模块这 5 个相互独立又相互依存的组件组成。PM 模块供用户跟踪与分析执行情况,是具有进度时间安排与资源控制功能的多用户、多项目系统,支持多层项目分层结构、角色与技能导向的资源安排、记录实际数据、自定义视图以及自定义数据。

2.3.3　基于 BIM 的进度管理关键技术

(1) 进度信息关联技术

随着 BIM 技术在建筑领域中的推广,在工程项目的设计阶段,设计方除了提供目前使用广泛的二维 CAD 图纸外,一般也会根据业主的要求建立三维模型。为了将工程项目的三维模型应用于施工阶段的进度管理工作中,就必须在三维模型上附加进度信息构成四维模型。只有准确地将三维模型与各个构件的进度信息进行关联,才能在后期进行进度计划编制以及进度分析、优化。如何将项目中数量巨大的构件与进度信息相关联,并确定构件的施工工序之间的搭接关系是基于 BIM 的进度管理中的第一个关键性技术要点。

目前,进度信息的输入方法有两种:

① 传统的人工添加进度信息。将三维模型中的每一个构件由施工单位依次手工输入进度信息,包括计划开始时间、计划完成时间、实际开始时间以及实际完成时间。由于构件数量巨大,这一方法不仅耗费大量的人力资源和时间资源,而且很容易存在操作失误继而导致人为错误,使工程项目的进度管理产生偏差。

② 以 WBS(Work Breakdown Structure)工作包为基础,利用传统的进度管理软件将进度信息直接导入至三维模型中。这种关联方法将大大简化工作量,但在操作流程上比传统的人工添加方法要复杂。首先,需将一个工程项目以构件集为

单位,进行详细的 WBS 分解;其次,在传统的进度管理软件中,确定进度信息以及工序的前后搭接顺序;最后,将进度信息与三维模型进行耦合,最终形成四维的 BIM 模型。

(2)数据接口管理技术

在三维模型的进度信息关联过程中,存在不同软件间的接口管理问题,解决这一问题的关键在于软件的标准化。IFC 标准是国际上解决不同软件接口问题的数据标准。目前实现不同软件之间的信息交流共有两种方式,一是软件能够直接进行 IFC 格式文件的转化,但由于市面上相当一部分软件并不支持 IFC 格式文件的直接输入输出,因此这一方式并不具有广泛意义;二是通过数据转换器将某一软件的文件转换成 IFC 格式,再进行传递。这一方式对于所有软件都是可逆的,因此,不管是二维、三维还是进度管理软件,都可实现数据的传递。

(3)进度分析及可靠性预测技术

工程项目的进度管理是一个全过程的工作,当各级进度计划制定完成后,各种风险、因素的影响会造成进度计划与实际工作有所偏差。在传统的进度管理工作中,当偏差过大时项目管理者就会对进度计划进行调整,进而对 BIM 模型进行修改,这里主要涉及两个技术难点:一是如何确定进度计划调整的科学性;二是如何做到多个平台的数据实时联动,包括 BIM 模型的构件进度信息的修改。

要想实现不同平台之间的数据实时联动,关键在于不同软件之间的接口,即 IFC 标准数据信息的转换器。由于进度计划同时存在于传统进度管理软件和三维模型中,并且信息传递具有可逆性,因此进度计划的修改有两种方法:一是项目管理者根据当前进度管理工作的习惯,先在进度管理软件中修改,再通过 IFC 数据转换器将进度信息导入三维模型中;二是先在三维模型中直接点击构件修改进度信息,再导入进度管理软件中。

不管是哪一种进度修改方法,三维模型都可按照修改后的计划进行动画模拟,一旦再次出现问题,也可在三维模型上直接修改。由于所有信息都共享于同一进度管理系统内,因此这两种方法都能够促进各参建单位之间的合作,提高工作效率。

(4)施工信息传递与反馈技术

现场施工问题的解决,关键在于能否及时有效地自发现问题伊始将信息传递至各个相关参建单位,能否利用现场来驱动进度计划的优化。在传统工程管理工作中,现场施工问题通常只在周例会中才会被提出,而且由于项目管理者很难关注整个项目,因此某些现场问题可能由于不起眼而被相关利益者忽略,由此可能对项目未来的进度、成本、质量或安全造成影响。当现场施工问题的解决方案制定后,传统工程管理只能采用纸质或口头方式逐层传递至工程一线的工作人员处,在这个过程中很有可能造成信息的缺失导致工作错误,施工问题无法解决。综合上述,结合各参建单位的工作职责,在BIM环境下,进一步改进看板管理系统,并基于现场驱动进度计划优化的思想,引入"发现问题(业主方)→解决问题(施工方)→确认解决(监理方)→结果描述(BIM咨询方)"的工作闭环回路,保证施工现场问题从发现到解决的反馈机制完整有效。

(5)数据并发访问管理技术

工程项目的各级进度计划的编制和实施通常涉及各个参建单位,在传统的工程项目管理中,他们都有权限对进度计划提出修改意见。在BIM环境下,为保证各方的权利和义务,也会将进度计划的修改权限赋予每一方参建单位,这就会导致多人同时修改进度计划,因此,多用户的并发访问也是关键技术要点之一。

解决这一问题的方法是通过嵌入迁出机制实现"对象级别"的并发访问控制,保证在任意时刻能够允许多人查看,但仅有一人可进行修改。由于基于IFC的BIM进度模型存在各种复杂的对象关系,而且各种对象实例之间也存在关系,因此在模型修改后,需对所有修改后的结果进行集成,以确保进度信息的完整性。同时,对于不同用户之间的权限也需要进行设定,确保只有最高权限的管理员才可进行修改,其他人员仅能进行查看。

(6)施工现场数据采集技术

近年来,自动化的数据识别系统普遍应用于施工现场的数据采集,并成为施工管理的一个基本工具。目前应用于进度检测的数据采集技术如下:

① 卫星定位系统GPS

GPS(Global Positioning System)是广泛用于定位和导航的一种技术。一般的GPS是基于卫星的定位技术,要求接收器和卫星可以直线相连,因此通常只能用于室外。近年来,技术人员通过在GPS中加设激光或者其他技术,实现了将GPS应用于室内定位。

② 条形码技术

条形码(Barcode)技术是一种成熟和经济的数据采集技术。计算机将条形码中的数据作为索引区检索相关的记录,这些记录包含支持识别过程的描述性数据及其他适当的信息。条形码技术主要用于材料的追踪、施工进度监控和劳动力控制。缺点在于可读取的距离较短,耐久性较差,对使用环境的要求较高。

③ RFID 技术

RFID(Radio Frequency Identification)技术是指使用无线电射频获取和传输数据的一种自动化识别技术。RFID 数据采集有两个基本组成部分:标签和读卡器。其中,标签是粘贴在被跟踪对象上的识别单元;读卡器用于标签的数据信息扫描。RFID 标签通过发射电磁波信号进行信息传输,根据其不同的能量供给方式,可以将 RFID 标签分为主动标签、半主动标签和被动标签三种。主动标签带有内嵌电池,可以为信号传送单元、储存媒介和传感器供电。半主动标签带有内嵌电池,但仅为内部信号处理过程供电。被动标签只能接收来自扫描设备的能量。RFID 技术与传统的条形码识别技术类似,但它解决了条形码识别技术在恶劣环境中的耐久性等问题,因而被认为是新一代的条形码识别技术。目前,RFID 技术在建筑业中的研究和应用较广泛。

④ 视觉测量技术

视觉测量(Vision-based Measurement System)技术包括摄像测量(Photogrammetry)技术、录像测量(Videogrammetry)技术和 3D 测距照相机(3D Range Camera)。基于计算机视觉测量技术,使用标有刻度的摄像机(Calibrated Camera)或者立体录像机(Stereo Video),监测和控制施工过程。摄像机可以在不同的角度实时对现场进行拍照。3D 测距照相机由两个或者更多的图像传感器组成,可以提供 3D 坐标和像素值。通过人工分析,或者先进的模式识别算法,可以提供有关进度的重要数据。现场关键材料的位置自动化的识别需要在照片过滤、模式识别等方面进行更多的研究。

⑤ 3D 激光扫描仪

3D 激光扫描仪是一个 3D 激光扫描系统,其通过对现实物体的扫描可以得到对象的三维坐标。3D 激光扫描仪可以在短时间内采集到大量的坐标点,可以用于 CAD 的 3D 建模。但是,使用 3D 深度图像对现场的设施进行建模是一个挑战,因为施工现场通常包含大量形状复杂的构件。激光扫描仪成本的下降以及其可靠的性能,使得激光探测及测距系统(LADAR)在施工监测和控制上非常具有吸引力。

联合使用不同的数据采集技术可以克服单一采集技术的不足,例如,将 RFID 和 GPS 技术联合应用,可以起到很好的互补作用。近年来,集成 LADAR 和摄像测量技术的自动化数据采集技术受到了研究人员的青睐,在施工领域的应用具有广阔的前景。

（7）实时施工 BIM 模型自动创建技术

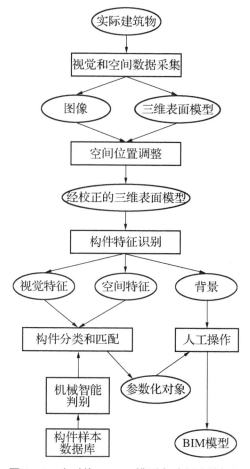

图 2-2　实时施工 BIM 模型自动创建的框架

实时施工 BIM 模型的自动创建是一个多学科交叉的课题，涉及扫描技术、计算机图像学、机器智能技术和参数化建模技术等领域。实时施工模型的自动创建依赖于构件对象的识别和匹配技术。对象识别和匹配技术需要将与建筑设施相关的构件识别出来，并自动完成向含有对象属性的实体构件的转换。建筑构件的识别当前有基于材料识别和基于形状识别两种技术。Brilakis 等专家组成的联合团队经过长时间的研究，提出了实现实时施工 BIM 模型自动创建的框架，如图 2-2 所示。实施框架包括六种状态（输入/输出），在图 2-2 中用椭圆表示；促使状态转变的进程用矩形表示。整个过程从现场建筑物的数据采集开始，最终产品为 BIM

模型。BIM 模型自动创建技术可以实现实时施工模型的自动更新,减轻模型更新过程的工作量,有助于推进实时施工 BIM 模型在生产实践的应用。

2.4 BIM 技术在质量管理中的应用

2.4.1 BIM 技术对于质量控制应用的必要性

在我国社会主义市场经济改革优化中,企业之间的竞争逐渐剧烈,质量成为各个企业生存发展中的重要影响因素,只有保证施工工程的质量,才可以进行企业品牌的打造,从而为企业赢得市场竞争优势。建筑工程质量管理涉及建筑工程施工的各个环节,在城市化建设过程中,建筑施工工程占据着越来越重要的地位,其直接影响着社会经济的发展,只有保证工程质量得到有效管理,才可以促使建筑施工工程内部资源得到充分的应用,从而降低返修、加固等资金消耗,为工程经济效益的提升提供依据。而有效的质量管理也可以保证建筑工程使用的年限,提升使用效益,为建筑工程社会效益的提升提供依据。

目前,我国建筑工程质量管理主要存在着以下几方面问题:

对于建设单位来说,一方面现阶段建设单位对建筑施工机构没有进行严格的审核,增加了建筑市场中不标准施工企业进入的风险,同时由于经济效益的驱动,针对建筑企业的不规范管理,建筑施工机构大多数保持无作为的态度,从而导致建设工程施工问题持续恶化。在施工过程中,用户机构管理不够严格、对施工速度不够重视、技术监督不到位等问题,也增加了施工的难度。在工程竣工验收过程中,由于缺乏完善的工程质量验收工序,从而导致工程竣工质量受到了影响。另一方面,建设工程监理工作机制不够完善制约了建筑工程监理监督权力的有效发挥,同时建筑监理管理专业人员的缺失造成建筑工程质量管理与技术实施不能有效地结合,对建筑工程质量监察管理工作的有效开展造成了阻碍。

对于施工单位来说,首先,现阶段建筑行业管理经营模式不够精细,对经济效益过度重视,导致建筑工程施工人员在管理过程中对项目数量积累过度重视,在施工过程中忽视了科技创新、设备优化的重要作用,从而导致项目水平得不到有效提升。其次,建筑管理人员缺失也制约了建筑施工质量管理工作的有效开展。现阶段建筑工程管理过程中,优质管理人才的缺失问题逐渐突出,建筑工程管理机制不够完善增加了优质人才的流失率,导致人员组织架构不够均衡,进而对建筑工程施工质量管理工作造成了阻碍。最后,基层施工人员素质不高。现阶段建筑工程内部基层施工人员大多文化程度不高,建筑施工专业能力不足,如质量意识不足、基本操作技能不熟练、对工程进度过度重视等。由于建筑工程施工人员错误操作而导致的安全风险时有发生。

而对于BIM技术来说,它是一个共享资源库,它可将工程施工中的各种信息分享、传达给工程的相关技术人员。在工程施工过程中各部门、各利益单位可通过插入信息、提取信息、更改和优化信息实现各部门、各利益方的协同作业,减少施工过程中不同部门、不同利益方的争执,减少施工现场不同工种、不同机械、不同设备之间的相互影响,避免施工技术人员对施工设计图纸和规范产生误解。工程质量管理可利用BIM的3D数字化信息技术构建工程质量管理的决策平台和信息共享平台,组建工程质量管理的3D模型信息资源库,使工程各部门和利益方能够通过BIM平台和资源库了解工程的整体情况,利用决策平台和信息共享平台管理工程质量,提高工程施工质量和效率。

下面将从施工前、施工中、施工后三个阶段来分别介绍BIM技术在质量管理方面的应用。

2.4.2　工程项目质量管理工具

1）施工前BIM技术应用分析

（1）三维可视化模型建立

将BIM技术与计算机技术结合起来,可以在设计阶段较好地完成建筑工程项目的建模设计工作。基于三维建模技术建立起来的模型应用极为便利,在模型需要修改时能够达到“一处修改,处处更新”的效果。当然,建筑施工阶段对BIM技术的应用就更加简便且直观了:在施工之前对施工过程可视化,或者是运用可视化技术检查设计错误,进行施工辅助等;通过改变视点及光源,进行材质修改,方便同客户沟通评价各种方案,减少后期返工等。这些都能起到减少错误施工、降低施工风险、保障施工质量的作用。建立三维可视化模型是BIM技术在建筑施工过程中的初步应用,这在建筑行业得到了较大范围的应用。

三维可视化模型的建立能够帮助发现设计问题。传统二维设计因为只能够用二维的图纸来呈现建筑图形,经常会存在一些设计失误,并且不能够很直观地被设计人员和施工人员发现。利用计算机技术进行三维建模后,模型直观的表达能够在很大程度上避免类似错误。施工阶段,可视化能够帮助施工人员对设计图进行检查,进一步避免设计错误。

利用三维可视化模型能够模拟施工建造的过程。施工之前,模拟建筑物的三维虚拟场景,使建筑、结构、设备在同一平台上共同显现,检验建筑项目的可施工性;在 BIM 模型的基础上模拟建筑物的功能和环境,输入施工信息,对施工现场的实际环境进行模拟和分析,制作动画在 BIM 平台上逼真地展示建成后的项目是否与周围环境匹配,让项目建设者能够形象直观地感受施工建设过程的效果,以便优化规划方案,这样就能够在实际施工之前对施工现场的情况有一个全局性的了解,并有足够的时间对施工进度计划和施工方案进行优化设计。同时,施工过程中对施工现场进行过程模拟、施工辅助,动态地跟踪指导现场施工,时时对比进度计划和实际进度,对施工质量、安全、现场施工状况进行实时监控。

(2)自动进行碰撞检验

由于一个项目涉及多种专业,因此将建筑、结构、设备三大模型整合成一个完整的模型时,除了各专业内部构件会发生碰撞外,机电和土建的碰撞更多,若不提前进行检测工作,等到施工时再进行处理,则会增加许多工作量,有的甚至得返工修改。传统的施工图纸中各专业内容互相分开,极难发现可能存在的管线等碰撞问题,通过 BIM 系统,在各专业软件导入形成的三维模型中进行碰撞检验,可以自动显示出碰撞数量,给出碰撞构件 ID、碰撞点详图等,并出具碰撞检验报告,方便调整图纸,因此在施工之前就能发现问题并及时解决。在碰撞检验中,有时并不需要将所有构件一起进行检验,可以选择需要碰撞的楼层,设置碰撞条件后再进行碰撞检验,以减少系统的工作量,也可以边搭建模型边进行检验修改。生成碰撞检验报告后,施工方以此为依据,通过 BIM 系统中的浏览功能,核对模型,修改模型,论证方案,尽量在施工前发现问题并解决问题,同时也有利于进一步开展项目中的管线综合、预埋预留等一系列优化工作。

2)施工中 BIM 技术应用分析

(1)5D 模拟指导施工

整个建筑行业中,BIM - 3D 技术的应用已经为大家所认可。虽然 3D 的应用是从设计阶段开始的,但是其最大的效用还是体现在设计阶段。为了把 BIM 技术逐步推广到工程项目的全寿命周期,需要将 BIM 技术更多地应用到施工阶段的管控中去,于是 BIM - 5D 的概念应运而生。5D 就是在 3D 模型的基础上,加入"时间进度信息"和"成本造价信息",成为实现施工阶段精细化管理的工具。BIM - 5D 依托 BIM 模型,对进度、成本、资源和施工组织等关键信息进行集成,模拟施工过程,为生产、技术、商务等环节及时提供准确的物资消耗、形象进度、成本核算等核心数据,加强沟通,提高效率,辅助客户对施工过程实行数字化管理,进而达到节约成本、资源和时间,提升项目管理效率的目的。5D 的使用将使施工更加容易和高效。

BIM-5D 作为施工阶段精细化管理的平台,能够按照两个阶段来发挥作用。第一个阶段是工程基本信息的集成。基于 3D 阶段形成的各种信息,BIM-5D 集成了项目的工程量信息、工程进度信息、工程造价信息,关联施工过程中的资源、合同、成本、质量、安全、图纸、物料等信息。这是一个信息集成平台,它综合了项目的绝大部分信息,以便于施工阶段的正确决策。第二个阶段就是利用综合起来的信息,让项目管理人员提前预测项目建造过程中每个关键节点的施工现场布置、大型机械及安全措施布置方案,预测每个月、每一周所需的资金、材料、劳动力情况,提前发现问题并解决问题。这样,在施工过程中便可以加强对现场的动态管理、实时监控,以便于快速发现施工问题并做出正确决策,减少施工过程中的变更,避免施工安全事故的发生。

（2）信息集成与管理平台

BIM 是一个综合性的大平台,项目信息上传、更新都很迅速,能够提供项目施工全过程最全面最快速的信息。在这个平台上,及时的信息交流、便捷的意见沟通使得项目负责人能够结合具体的项目进度信息优化决策方案,做出更能提升生产效率的决策。

比如在施工中,工程进度款审核结算程序复杂,往往导致工程进度款难以得到落实,这是建设方、总包方、分包方三方互不信任的结果,进而导致工程进度拖延。利用 BIM 平台,将繁杂的程序简化到共同的平台上,能够快速而精确地计算出当月工程量,得出应支付的工程进度款数额,然后经各方审核,由监理工程师尽快签字确认,而业主方加快工程进度款的支付,这样三方相互信任,使得工程进度款的拨付变得精确而快速,这样既能保证施工顺利进行,工程进度不被延误,同时也能减少项目三方之间的矛盾,使工程质量更优。

3）施工后 BIM 技术应用

在我国,建筑行业大多对进度和成本较为关注,忽视了对建筑质量的管理,就连最后的质量验收也缺乏规范化,因此留下许多安全隐患。在质量管理中应用信息技术,可以有效解决信息孤岛、断层带来的问题,完善质量验收管理。当前的质量验收,主要是构件完成后由质检人员进行抽检,若是结果不理想,质量不合格,势必会导致大量构件返工。但假如能提前追踪构件,实时掌握构件的质量状态,便可有效节约成本,减少返工次数。此外,如果质检员本身存在问题,检测梁、板、柱等构件时对检测时间、要求等缺乏了解,就会使检测的结果偏离要求,或反应不及时,错过了一些质量问题,便等于在建筑早期埋下了质量安全隐患,影响整体使用寿命。将 BIM 技术应用于质量验收中,可以加强质检的全面性、规范化。由于实际项目体量庞大,质检员一时难以确定构件所在的准确位置,而通过 BIM 构建模型,便能以独有的 ID 代码来自动编写构件,方便后期使用时定位、查找。在施工中,工作人员可以通过三维模型信息库,将构件的施工信息输入共享平台中,做到随时反馈,时刻监督。这样在验收时,质检人员便可以迅速定位所需检查的构件,获取全面的信息,依据《混凝土结构工程施工质量验收规范》(GB 50204—2015)中的要求进行规范化检验,判断质量是否合格并做好记录,严控质量验收的水准。

2.4.3 基于 BIM 的质量管理关键技术

(1)移动计算技术

移动计算技术被应用于国家现代化建设中的各行各业,该技术以移动通信技术为基础,基于无线网络,实现各终端设备之间的资源共享,并能实时进行数据信息的传递。移动计算技术在进行信息交换时具有速度快、准确性高等优点。将移动计算技术运用于建筑业的工程施工中可以提高工作效率。比如使用平板电脑作为终端进行研究,质量检查人员现场进行检测时既能随时随地查看项目规定数据,并记录现场实测数据,实时传到服务器实现数据共享,也能随时对数据进行分析和判定。

(2)图像采集和处理技术

图像采集是指通过摄像头进行图像数据的采集和存储,图像处理是指运用计算机等处理器对采集到的图像进行分析处理,将原始采集的图像处理成项目需求的图像。进行图像采集时常使用手机或者平板电脑等移动终端作为采集器,处理时常使用压缩、滤波、增强等图像处理技术。例如,使用平板电脑作为图像采集器进行现场图片的采集,通过终端进行初步的压缩等处理后传输到服务器,计算机可以对服务器上的图像进行分析处理和比对,验证现场信息的真实性。

(3)二维码技术

二维码技术的运用可以对施工现场的材料进行跟踪管理。由于其使用成本低、操作简便,因此被广泛应用。建筑工程项目中将二维码技术与 BIM 技术融合,有利于管理层对数据的实时监管。二维码可以实现现场物料和管理平台的有效连接。每一件物料都有自己独有的二维码,能够有效避免设备运输过程中的遗漏和安装过程中容易出现的错装。一线工作人员在进行设备安装使用时通过扫描二维码,将设备信息传送到服务器存储和共享,项目的各参与方能快速便捷地查看到每台设备的使用情况。

（4）数字化测绘复核及放样技术

工程项目中将测绘复核及放样技术与 BIM 建模结合起来,能够更加高效地对现场施工情况进行控制。测绘复核及放样技术的使用为机电管线深化提供保障,并对施工现场的数字化加工质量进行有效控制。与此同时,现场测绘技术在工程中的使用还具有深化图纸信息,准确反映现场情况,保证施工精准度,提高工程可靠性等优点。相比传统放样方法,BIM 放样机器人的应用范围更广,每一个标准层都能实现 300—500 个点的精确放样,并且所有点的精度都控制在 3 mm 以内,超越了传统施工精度。

（5）三维激光扫描技术

三维激光扫描技术是一种应用比较广泛的技术,该技术通过扫描物体表面来获取物体的三维坐标,能够快速得到被测物体高分辨率的数字模型。工程项目实施过程中,使用三维激光扫描技术对施工现场的物料进行扫描,形成点云模型并传输到服务器。点云模型是指利用扫描仪扫描物体得到数字模型,再根据这些数据通过计算机还原物体模型,在计算机上形成一个与被扫描物体相同的模型。通过激光扫描得到的被测物数据更加准确、更有利于建模和编辑。这种从现场实物中提取模型的操作在施工过程中被称为逆向施工。将这种点云模型与应用 BIM 技术设计的模型进行对比,可以准确定位质量问题。

2.5　BIM 技术在成本管理中的应用

2.5.1　BIM 技术对于成本控制应用的必要性

成本控制的理论主要建立在动态纠偏理论上,属于主动控制范畴。目前,成本控制方法按照时间,分为施工前控制、施工过程中控制和施工结束后控制。在项目实施过程中,不断进行实际成本目标和计划成本目标的对比,分析偏差,必要时采取一定的纠偏措施,这样可使实际成本接近投标成本和目标成本,直到实现成本目标的动态管理。现阶段项目成本控制存在如下问题：

宏观层面，由于我国各省经济发展的不平衡，各省都分别制定了各省的定额标准，因此存在着地区的差异性。造价人员普遍对本地的系统熟悉，一旦变换了工作地点便需要重新开始学习和积累新环境的成本数据，这些数据对于一个造价人员能否很好地胜任工作是十分关键的，因此造价人员的流动会给本地的造价管理机构带来直接损失。

时效方面，项目成本数据收集滞后。在项目管理过程中，与项目成本管理密切相关的因素众多，产生的成本数据不断增加，尤其是施工准备阶段和施工实施阶段，而传统的成本控制方法很难及时地收集与处理这些数据，这样在施工过程中，施工企业对于精准控制完成实体工程所需的资源量就显得很被动，很难在施工过程中对多种资源进行有效的统筹分配和协调管理。

效率方面，成本数据收集效率低。传统的项目成本数据收集，往往是根据经验数据估算目前在建项目的成本范围值，或者先计算某一分部分项目工程的成本，然后以累加求和的方式，统计和预估整个在建项目的费用，不过这与实际成本的支出往往有很大的误差，因为实际成本支出是按照施工的各个阶段对分包商在阶段内完成的实际工程量进行支付的，有时候还会有额外增加的实际成本，比如处理变更和索赔等事项。

数据使用方面，难以实时共享。目前多数的大中型施工单位，对于项目的成本控制这一概念的理解仍然停留在工程的特定环节上，而成本数据的应用也是简单地通过对原始数据的拆分组合，绘制成表格后共享给项目的其他管理部门，然后依照共享的表格数据再对现场成本进行把控。一方面，整理原始数据并绘制表格浪费了大量时间，滞后于现场的施工进度；另一方面，由于各个管理部门都有其运行秩序，协调起来难度很高，导致数据的实时共享可行性很低。

数据升级方面，难以更新和维护。随着时间的延续，市场日新月异的变化，成本数据不断滞后和"老化"，各个施工企业逐步建立内部的成本数据库，但参考性并不是很高，甚至落后于实际在建项目进度，导致无法真正使用。

而对于 BIM 技术来说，它基于多维矩阵和 BIM 模型，对实体工程进行模拟分析；通过以 BS 向 CBS 的结构性转化，形成三维模型，在工作任务分工表中进行详细的阐述，并进行横向和纵向的分解；对工作的逻辑关系进行合理的分配，明确公司层、项目层、班组层的任务分工；在每个实施过程中进行动态监控，尤其是在碰撞检测过程中，运用 BIM 的信息模型进行清晰的分析，最终实现 BIM 信息化的成本管理。在 BIM 的理论研究中,最重要的是 BIM 软件建模的应用。通过 BIM 建模可以简单明了地了解现场实际成本管理过程中存在的问题,并通过 BIM 云平台对各参建方的实际情况进行综合分析,进而达到节约成本的目的。

目前项目管理过程很难体现多维矩阵,从平面上直观提取和调用工程信息,二维模式下多维度间的耦合关系实现难度大,实际工作集成度低,很难体现集成对现实的价值。基于多种因素的分解结构通过同项目管理流程结合为项目管理服务,在国际上常用基于 3D 项目管理模式的"产品-组织-流程管理"三主体分解形式,通过信息集成实现项目管理由 3D 向 ND 的转变。通过构建基于 BIM 的项目管理模式,实现多维度 BS 集成管理。

BIM 的理论基础还在于各操作平台之间的沟通协作。将设计、施工、监理三方通过平台融为一体,在平台的建设过程中,需要不断地积累现场经验,通过图纸与实际现场的完美结合,将动态的管理思路贯穿于施工的全过程,明确责任分工,对平台中的每一个操作者都进行责任划分,避免后期出现推诿扯皮的情况。无论是横向管理还是纵向管理,要在企业层、公司层、项目层、班组层进行层层把控,将概算、预算、结算、决算等成本管理阶段集中在每一个领域,以便于进行动态控制。

接下来将从项目的各个阶段介绍 BIM 技术在项目成本管理上的应用。

2.5.2 工程项目成本管理 BIM 工具

(1) BIM 技术在项目前期投资阶段的工具

① BIM 数据库

前期投资阶段是业主方进行方案比选的阶段,准确快速地估算出工程项目的估算价对于业主方的方案选择十分关键。根据资料显示,投资阶段对项目的整个造价影响最大,最高可达 90%,因此做好前期投资工作便可为后面的设计工作打好基础。这部分的工作主要是以单项工程为计算单元进行成本估算的,并不需要准确算出分部分项工程量再进行套价工作。国内一些大型的咨询公司或业主方可以依据之前的许多项目指标编制估算文件,但是对于一些小型的咨询公司来说,收集相关资料的过程十分麻烦和繁琐,并且结果也可能不准确,因此没有太大的参考性。BIM 技术在前期投资决策阶段中的应用需要借助于 BIM 强大的数据库,其数据库能够容纳既有建筑的所有信息,并且可以随时根据自己的需要调用出来。这些数据信息十分完整和真实可靠,计算性很强,因此可根据 BIM 中的数据库,查看与新建工程相类似的既有工程项目的相关数据和造价指标,通过以往的数据估算出新建工程的投资额。利用 BIM 强大的数据库,可使工程估算价准确且可靠,同时还可提高收集和分析数据的效率。在进行投资估算时,可以进入 BIM 数据库直接提取与本项目相类似项目的 BIM 模型,结合本项目特点和数据库的信息进行修改,得到工程的概算工程量和估算造价,这种方法节约了许多人为去查看和收集整理资料的时间,同时也缩短了前期投资决策的时间,缩短了工期,降低了成本。

② 方案比选

项目的成本控制是针对项目的全生命周期来讨论的,在工程项目的前期投资期间,主要是从几个备选方案中选出最优方案,它决定了整个项目的定位和类型,是决定投资方能否通过此项目获得利润的关键一步。根据以往一些学者的数据统计分析,决策阶段所需花费的成本十分低,但是这个阶段所做出的决定却会影响项目总造价的 75% 以上。因此,前期方案分析的项目性价比显得尤其重要。可以通过 BIM 技术提高性价比,它不仅可以快速估算出工程造价,还能比较工程指标,从而选择出当前最适合和最优化的方案。与此同时,由于可以十分方便地对既有建筑模型进行调整和对比,因此提高了方案比选的效率,并且最终调整好的模型还可以用于后面的施工图设计。

（2）BIM 技术在项目设计阶段的工具

① BIM 信息集成化平台

设计阶段所产生的设计费用占项目总投资的比例十分少,但是却决定了绝大部分的建安成本费,因此设计阶段是控制项目成本的关键阶段。现阶段的设计工作流程大多是设计人员首先绘制出设计图,再将设计图纸交给预算员,预算员根据二维图纸建模然后算量并套价,这就是所谓的"图后成本预算"。这样的预算流程所需时间十分冗长,当设计人员发现错误将图纸进行变更修改后,预算人员又要根据变更图纸重新修改模型后算量套价,得到变更后的工程造价。在这一过程中,设计人员和预算人员之间的工作是呈流水线式的,两者的工作没有交集,其间并没有沟通和交流,导致很多时候预算人员并不能及时了解到设计人员的意图和想法,并且预算人员在读图建立模型的过程当中也会出现许多由于理解不同的人为原因而犯的错误,这些错误很难被检查出来并改正,所以造成最后的工程造价并不十分准确。这种成本预算模式导致预算员将太多的精力花在了建模和改模型算量过程中,并没有多余的时间对项目进行了解和成本分析控制。

BIM 技术就是针对这些问题提出了解决办法。BIM 的信息集成化平台使各专业员之间协同合作,造价员不需要根据设计人员的二维图纸建立模型后再算量,可以直接在设计人员设计出的BIM模型上提取工程量后直接套价,具体流程如图2-3所示。在快速计算成本的基础上又提高了成本数据的准确性,减少了人为的失误,当设计变更完成时,BIM模型会自动改量,实现自动高效化。而且BIM数据库涵盖了大量的指标,例如混凝土指标、钢筋指标、各区域的造价指标等,为预算人员做工程预算提供了参考。BIM技术在实现快速准确计量的同时也使预算人员有更多的时间研究市场资源价格,经多方对比,选取性价比最高的资源,有效降低工程造价,实现成本控制。

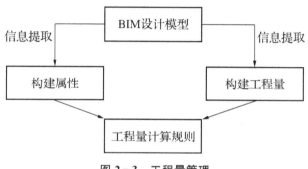

图2-3　工程量管理

同时BIM技术使各专业设计人员增加了设计期间的沟通交流,当其中一个设计人员修改了一个地方后,其他设计人员可以在模型中看到此修改。通过云端传输,所有参与人员都可以随时看到最新的设计模型,这样就减少了中间的图纸传递过程,各专业人员都可以在云端调取自己所需要的模型和数据,设计工作越来越往智能化方向发展。BIM还具备碰撞检查的功能,可以使设计人员在设计完成之后检查设计冲突,比如结构与结构发生碰撞,构件与管线发生碰撞等。这种碰撞检查功能使许多错误在设计期间被发现并改正,减少了许多后期变更,将变更限制在前期设计阶段,从源头上大大节约了项目成本,增加了经济性。

（3）BIM技术在项目招投标阶段的工具

① BIM-3D模型

在招标过程中,现阶段的工程招投标模式主要是业主方将设计图交给自己聘请的招标咨询单位,咨询单位根据设计图和设计文件进行算量套价,其中算量工作的时间占编制招标文件所有时间的60%以上,最后将做好的工程造价当作招标文件的标底。当使用了BIM模型后,由于其模型包含了建筑项目的所有信息,咨询单位可就此模型直接提取工程量,再根据国家要求编制工程量清单,这样就可使预算人员从传统的手工算量或建模算量的模式中解脱出来，从而可以将更多的时间和精力投入到资源单价分析和风险评估等成本控制的工作中去。因此预算人员不单单只是建模套价人员，而应慢慢转变为成本管理人员，以提高成本预算的准确性和高效性。同样投标方也可以根据业主方提供的 BIM 模型直接提取工程量。目前市场上的施工方数量十分多，竞争十分激烈，而质量高价格低的一方更容易中标，因此应用了 BIM 模型后，施工方可以花更多的时间研究自己的优势，探讨如何控制成本来为自己赢得更大的中标机会。

② 施工模拟

在评标阶段，对于评标专家而言，通过模型漫游，可以更加了解工程项目的细部构造，并且讨论本工程项目的重难点以及容易发生变更的部位，这样可以针对这些部分的工程造价进行综合分析并提出问题，请投标单位对于这些问题进行解答，最后将解答不合理的标书确定为废弃标书。对于投标的施工方而言，可以借助 BIM 技术提交动态化施工模拟方案，其可视化效果可以使评标专家快速了解施工流程和技术方案。特别是对于重大项目而言，其所需要的专业技术十分强，许多复杂的技术当施工方无法用文字表述得十分清楚到位时，BIM 技术的动态模拟便会解决以上问题。评标专家可通过观看施工方提供的可视化施工模拟方案来讨论方案的合理性与否，同时也可以调出进度计划作为讨论参考，提高施工方案的论证性从而选出最适合的投标方案。

（4）BIM 技术在项目施工阶段的工具

BIM-5D 技术是在三维建筑信息模型的基础上，集成时间和成本信息的五维建筑信息模型的新技术，成本管理是 BIM-5D 技术在工程项目施工阶段最有价值的应用领域。BIM 技术融合了建设工程项目相关信息，以数字化形式来表示建筑物的实体和功能特性。基于三维建筑信息模型的 BIM-4D 技术增加了时间维度，使得 3D 静态模型适用于动态研究。4D 模型可视化可在施工阶段对进度、物资和机械等进行动态集成管理，它强调了建设期模拟方案的可行性，但是忽视了项目的成本管理。BIM-5D 技术在 4D 的基础上增加了成本维度，集成工程量、进度和造价信息，同时可以将模型与实际施工情况进行关联，实现工程量动态查询，掌握实时的施工进度和成本情况。将土建模型、钢筋模型、安装模型和机电模型等各个专业的模型连同各自的属性信息一同导入 BIM-5D 平台，以三维模型为载体集成进度、资源、清单等信息，形成 BIM-5D 信息模型。在施工过程中，要想实现对人、材、机等费用的动态管理，需要掌握大量的实时数据信息，BIM-5D 信息模型为施工阶段成本动态管理和实时控制提供统一的模型,可实现成本精细化管理和过程控制的最优。

BIM-5D 技术对于施工过程的成本管理主要运用在以下几个方面:

① 工程计量和计价。在工程计量与计价中应用 BIM-5D 技术,根据合同约定的条件筛选和统计已经完成的工程量,汇总输出已完成工程量与造价表格。成本管理人员在 BIM-5D 平台上再补充输入其他价差调整信息等,统计相应时段的工程进度款,并可输出至项目管理系统,及时向业主申请工程进度款。总承包方基于 BIM-5D 模型中各分包单位与流水段的对应关系,识别出各分包工作及各分包单位的已完成工程量,核实分包工程量。

② 材料管理。首先,应用 BIM-5D 模型编制材料需用计划,根据任意实体或流水段的工程进度情况,按照周、月、季、年等时间段从模型中提取材料消耗量信息,形成物资需用计划,并导出数据文件。物资机械部的人员结合材料需用计划和库存情况,编制材料采购计划,根据施工进度掌握进场和材料分配时间。当工程发生变更或进度发生变化时,及时地修改 5D 模型,系统能及时提示并自动更新相应部位和时间段的材料计划。

③ 阶段性成本分析与成本考核。在施工过程中,基于 5D 模型统计和汇总的实际成本,与预算成本、合同收入进行对比,获得整体和局部盈亏或超支情况,并细化到楼层级、构建级,找出成本超支的原因,采取有效的措施将成本控制在计划内。结合成本分析数据,定期或者不定期召集各部门负责人和成本管理人员进行经济活动分析,并将分析情况以文档的形式上传至云端,为下一阶段成本偏差的预防、成本管理方法的改进和成本考核等工作提供依据。BIM-5D 数据为成本考核提供决策依据,根据成本分析情况将各个部门及其责任人的目标成本与实际成本进行对比分析,考核成本目标完成情况,根据管理及考评制度进行评价和考核,并进行工作的调整和奖惩。通过成本考核,增加项目管理人员的成本意识和责任,提升管理人员完成成本指标的积极性,进一步加强成本管理,增加项目效益。

2.5.3　基于 BIM 的成本管理关键技术

(1) BIM-5D 技术

BIM-5D 即是在 BIM 模型的基础上集成项目进度、项目成本以及相关合同信息,形成五维模型,为项目的成本管理、进度管理提供数据基础。而基于 BIM-5D

的施工阶段成本管理的基础是 BIM－5D 信息的集成,在施工前期的准备阶段,首先将工程项目中所涉及的进度、成本信息依据施工组织设计中的要求集成于设计阶段所建立的 BIM 模型中,其中成本信息包含招投标过程中所产生的工程量清单数据以及清单中的资源消耗量。除去计划进度以及成本数据外,实际项目实施过程中所产生的数据都随着工程的进展不断录入以及完善。

BIM－5D 集成了项目所涉及的各个专业的设计模型,包含建筑、结构、机电、钢结构、幕墙等专业模型,使之符合项目的实际情况。这里以广联达 BIM－5D 为例,该管理平台可以兼容所有基于 IFC 数据格式的建模软件所构建的模型,如 Revit、Tekla、Rhino、MagiCAD 等以及广联达工程算量模型数据格式,如 GCL、GGJ、GQI。BIM－5D 还集成了工程施工组织设计中所包含的进度计划。为了满足整体精细化管理的要求,传统施工组织设计中所编制进度计划的精细度往往无法满足其需求,需要额外对其进度计划进行编制并将其颗粒度深化至构件级别。项目施工过程中,由于工程项目的不确定性,项目变更的现象时有发生,工程进度信息亦会随时修改。针对这一现象,广联达 BIM－5D 支持在其管理平台内部修改其进度计划,并且不会影响其他无关联关系的分部分项工作。此外,BIM－5D 将 4D 模型与工程量清单相关联,以完成模型的算量以及计价工作。在集成成本信息时,有两种方式:其一,将集成了各专业的模型导入广联达算量软件中进行相关工程量扣减计算,然后再将此文件导入 BIM－5D 平台中与进度和工程计价信息集成;其二,直接将综合模型导入广联达 BIM－5D 平台中,再将各种工程量清单扣减规则与计算公式附着于其相应的构件中。自此,该平台生成了集成实体模型、进度信息、成本信息的 BIM－5D 模型,此模型是后续进行成本管理工作的基础。

除上述提到的模型、进度、成本信息之外,工程项目实施过程中产生的大量其他信息也对成本管理的工作起着至关重要的作用。根据类型我们将其分为两类:一是合同信息,项目的合同确立了建设项目有关各方之间的权利与义务的关系,是建设项目的重要依据,成本管理的核心就是按照建设项目合同的规定对项目进行管理和控制。二是变更签证等洽商信息,工程变更是建设项目施工中不可避免的部分,BIM－5D 可以集成该项目信息并将其变更内容一一在模型中体现,为结算以及过程算量时成本的追溯提供数据基础。

(2)BIM 大数据和云技术

BIM 大数据管理就是将 BIM 技术和建筑大数据库相结合,对建筑前期策划数据、标准构件模型、工程项目信息、进度、成本、安全、环保和运维等全生命周期数据进行管理。工程数据是企业未来发展的核心竞争力和生产力,要深入分析和挖掘,形成 BIM 大数据库,以便于信息互通和共享。造价大数据库包含了各类工程项目造价的信息和各项指标,而 BIM 模型能够准确完整地展现工程信息。两者技术的结合能够使信息和数据更真实和准确,能够指导企业投标和施工的各种经济活动。利用 BIM 的多维大数据可视化技术,在模拟施工环境下发现潜在问题和风险,模拟现实的建造过程,以便提前发现问题并进行评估,提出相应的对策和防范措施,制定优化方案指导实际建设,有效控制项目质量、进度和成本。

把云技术和 BIM 技术相结合,能够实现项目管理的高效、协同和低成本的目标。利用云数据处理,实现工程项目 BIM 模型和施工模拟、进度、成本等工作的快速比对和纠偏,使得 BIM - 4D 和 BIM - 5D 能够真正应用到项目实际管理中。BIM 云技术的发展趋势为:统一数据格式,全生命周期应用,实现集成交付和企业知识管理,进一步扩展基于云技术的 BIM 应用。基于云技术的 BIM 实时传递信息的有效性在建设过程中提出了一种新的面向对象的工作流程和进度管理流程。Cloud-BIM 对工程项目大数据进行收集、集成、关联、存储、数据挖掘和分析,以实现工程项目数据的再利用和知识管理。

2.6　BIM 技术在运维管理中的应用

2.6.1　建筑运维及设备设施维护信息化技术应用的必要性

提高建筑项目的运维管理效率和水平,对于节约建筑项目全生命周期成本,延长建筑项目使用寿命等,都具有十分重要和积极的意义。建筑项目的运维管理,主要是指在工程项目建造完毕,并由项目产权方对项目进行移交之后,进行的日常运维管理。而在传统的房地产日常运维管理中,经常存在一些问题,例如:物业公司对于物业的运维管理,由于并非自己的物业产权,运维管理工作中受到逐利的驱动,因此不能很好地完成相关工作;后期运维包括很多方面,如消防、建筑、设施等,由于涉及的内容较多,因此在管理过程中效率不高,并且人员对于管理工作的理解较为困难;由于管理的是楼宇,建筑物内部的情况正如上面所说,结构复杂,并且很多都是隐蔽工程,电气、空调、水施等的管理都很难直接进行,而且没有管理操作平台的支持;随着技术的发展,信息化管理成为以后的发展方向,因此需要在一些新的项目中融入信息化管理的理念。

建筑项目的运维管理需要将大量的信息进行整合,并且满足管理各方的需求和使用。在已完工建筑项目的运维管理和运行的过程中,需要多方面的人员和信息的配合。而实际的建筑项目运维管理中,通常很难做到各方面的配合都能很好地进行,大部分情况下,建筑项目的运维管理常常出现"信息孤岛",一方与另一方在信息的传递和反馈过程中无法做到及时有效地共享,从而导致管理效率低下、管理质量不高。如何将各方信息有机地进行整合与使用,成了提升运维管理水平的一项迫在眉睫的任务。

针对以上这些问题,BIM 无疑是一个比较理想的解决方案,其在运维管理中有其特有的优势和特点。BIM 是在工程项目各种有关的数据信息的基础上建立的模型,通过各种数字化信息对建筑物的真实信息进行模拟。其具有四大特性:可视性、协调性、模拟性和优化性。它可以更直观地反映项目情况,并且通过更多的空间展示,便于日常的运维管理工作。而基于信息化的管理模式,也将提供更加便利的技术支持,包括空间管理、设施管理、隐蔽工程管理、应急管理、节能减排管理等。

2.6.2 运维管理的 BIM 工具

在运营管理方面,目前国内还没有形成一体化的设备运营管理系统。随着BIM 技术的广泛应用,其不仅仅局限于建造阶段,国内一些公司已经开始尝试利用 BIM 模型进行运维管理的局部软件的开发。目前移动互联网、物联网、BIM技术、云计算技术已经得到了广泛的应用,这些技术对设施运营维护在可视化管理、效率和质量等方面产生了积极的影响。现在 60% 以上的企业正在考虑采用BIM,80% 的大型项目都应用了 BIM 技术,上海建工集团、中建八局、浙江建工集团和中建三局等公司都已经走在 BIM 应用的前列。BIM 具有强大的整合能力,很多建筑项目完全靠使用 BIM 来完成。BIM 在运维管理中的应用主要体现在以下几个方面:

(1)商业软件产品

目前较为广泛使用的商业运维管理软件有 ARCHIBUS 和 Allplan Allfa。ARCHIBUS 是全球占有份额最高的运维管理软件,可以提供集成化的管理解决方案,组织各参与方的协同,适用于房地产、公共建筑、设备管理等。ARCHIBUS 具有运维管理的大多数功能,如财产租赁管理、维护维修管理、设备状态评估等。目前这款软件已广泛运用于世界各地的项目,涉及约 700 万从业人员。然而,此软件目前尚不能和 BIM 模型很好地结合,原因是其主要采用基于平面数据的运营管理模式。Allplan Allfa 是德国 Nemetschek 公司 Allplan 系列的产品之一,提供综合的计算机辅助建筑设备管理功能。该软件的功能有数据标准化的信息管理、空间管理、设备文档管理、暖通和防火预警等。

相比于 ARCHIBUS,Allplan Allfa 的优势在于该公司旗下已有一套基于 BIM 技术的系列软件,覆盖了设计、施工和成本管理,可以完成一定程度的信息集成,更符合 BIM 技术的理念,以及全生命期管理的要求。其不足主要是功能不够完善,覆盖面较低。

（2）二次开发

目前尚有一些基于国外商用软件进行二次开发的运维 BIM 系统,涉及 Autodesk Design Review、Navisworks、Revit 等软件。系统所采用的平台有 B/S（浏览器-服务器）架构和 C/S（客户端-服务器）架构,现有的文献大多给出了基本功能的测试,也有一些应用案例。综合来看,二次开发的系统可以利用已成熟的界面和图形平台,开发周期短,基本可以满足一般工程的需求。但由于其软件架构于商业软件之上,因此无法控制其数据核心的存储与管理,在性能和功能扩展上均会受制于所选用的软件产品平台。

（3）自主研发平台

相比基于商业软件进行二次开发的系统,自主研发的运维平台实现的功能更为具体化,应用的项目也更为多元化。选择自主研发系统通常考虑的是利于从底层进行扩展和维护,实现性能的逐步优化,同时也可以摆脱商业软件的束缚,故系统的开发可以遵循多种思路。然而,由于本领域的研究相对不足,距离功能完整的系统尚有一定的差距,目前开发成功的一些系统大多针对运维的某一个或几个特定领域。典型的平台为基于 BIM 的机电设备智能管理系统 BIM-FIM,该系统能够实现 MEP（机电设备）安装过程和运维阶段的信息共享,在安装完成后将实体建筑和虚拟的机电设备信息模型（MEP-BIM）一起集成交付给业主,同时加强了运营期 MEP 的综合信息化管理。

2.6.3　基于 BIM 的建筑运维管理关键技术

（1）数据存储

BIM 数据的存储与访问是实现面向建筑全生命周期工程信息管理的底层数据

支持,需要同时处理结构化、半结构化和非结构化数据。然而由于 BIM 模型的复杂性,计算机实现起来十分困难,这成了推动基于 BIM 的信息集成和管理的障碍。基于 BIM 服务器(BIM Server/BIM Repository)的数据管理和应用服务方式通过 BIM 数据库集中存储和管理 BIM 数据,应用子模型集成技术将各阶段创建的子信息模型集成到 BIM 服务器,实现完整 BIM 的创建,再通过子模型提取技术支持各参与方从 BIM 服务器按需提取建筑信息用于交换和共享。其中子模型是针对某一应用流程提取的 BIM 数据子集,它包含该流程所需的所有信息,并剔除了不相关的信息。BIM 服务器旨在解决信息集成、数据存储和一致性维护等问题,为建筑全生命周期 BIM 的创建和应用提供技术和平台。目前,国内外发布的 BIM 服务器原型系统有 IFC Model Server、DM Model Server 和 BIM Server(开源)等。然而,基于集中数据库存储和管理的模型在应用中存在如下问题:

① 建筑项目涉及多个单位,往往位于不同的地域,甚至是不同的国家,因此存在网络传输负担大,其性能和稳定性受制于网络环境等缺点,难以在网络环境恶劣的施工现场应用。

② 将工程项目的完整 BIM 数据集中存储在中央服务器中,会引发项目各参与方对于各自数据的产权、安全和权责等一系列法律法规问题,目前还难以被广大用户接受。

因此,有学者提出了基于云计算的 BIM 数据库。云计算(Cloud Computing)是分布式处理、并行处理和网格计算的发展,是一种利用互联网实现随时随地、按需、便捷地访问共享资源池的计算模式。云计算的关键技术包括分布式文件系统、并行处理技术、数据一致性维护技术、分布式数据库、虚拟化技术以及硬件资源等技术。基于云计算的分布式数据库是部署在云平台上的关系数据库,支持大型数据库的分布式存储。通过科学的数据表划分,可减少数据传输量,缩小单节点数据规模,提高数据查询的效率。

(2) BIM 与 GIS 技术融合

面对实际的运维管理需求,以及管理工具的发展,BIM 技术需要与 GIS 技术进行深度融合,应用于运维管理中。其中,GIS 宏观模型为区域管理、系统宏观平面化管理、房间管理等提供基础;BIM 精细化模型则应用于设备设施管理、系统逻辑、维护维修管理和应急管理等方面。GIS 与 BIM 结合的基本原理是:通过 Skyline 无缝集成 BIM 的设计数据,实现从宏观到微观、室外到室内、地上到地下的一体化管理。两者结合的关键性问题是——数据共享。现如今,BIM 在 IFC 的标准体系下建立和管理数据,而 City GML 编码标准则是地理信息行业的通用数据法则。所以,"标准"的融合是两者能够结合的关键步骤。

（3）BIM 与物联网技术集成

在运维阶段,各参与方的行为有着高度的分散性、移动性、机动性等特点,因此对 BIM 技术的应用提出了现场性、移动性、实时性等新要求。与设计阶段基于办公室、人(设计师)及 PC 终端的 BIM 应用不同,在施工建造及运维阶段,其参与方为现场(环境)、人、移动终端及全生命周期中最为重要的实体——物(即建筑、设备、设施等物体本身)。这种情况下,仅仅依靠 IFC 这一媒介无法满足信息交互的需求,因为在运维阶段,各参与方之间出现了信息传递的孤岛——物。因此,需要利用新的技术手段,将"物"这一关键实体与 BIM 模型、人进行有效连接,而物联网(Internet of Things,IoT)技术便可成为实现连接的桥梁。物联网是物物相连的互联网,通过物联网技术中的 RFID 标签、二维码、智能传感器、视频前端、定位装置等感知层设备,将现实环境、人、物与 BIM 模型中的信息关联起来。可以说,BIM技术与物联网的融合,将打通现实与虚拟、实体与数据间的接口,实现对施工建造及运维阶段的行为监控、数据采集。BIM 技术与物联网的融合将延伸和拓展出丰富的综合应用模式与价值。BIM 与物联网融合应用结构如图 2-4 所示。

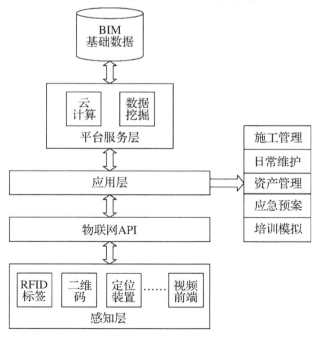

图 2-4　BIM 与物联网融合应用结构

BIM 与物联网技术在融合应用中各自发挥不同的作用,BIM 实现信息传递和交互共享并形成中心基础数据库,物联网将采集、传输与接收的信息与 BIM 数据库中的实体相连接。以传感网络为基础的物联网技术,结合建筑自动化中的监控系统,将为信息的持续自动获取提供途径。

(4)动态监测和实时评价的工具整合

运维管理的目的是使建筑物的安全和使用性能满足内部人员的需求,因此需要运维管理平台提供建筑实时状况的分析、表达、控制和反馈。在运维 BIM 中通过自动化系统、模拟和预测分析工具、虚拟现实和增强现实技术以及无线传感和智能控制技术,可以实现对建筑性能的动态监测、实时分析和可视化展现,进而辅助快速决策,保障人财安全,优化建筑物性能。

(5)模型交付

建筑信息模型的内容包含了模型的对象及其属性,对象及其属性在不同的阶段有不同的需求。针对运维管理,需要定义专门的交付需求来明确各专业在运维阶段需要交付的模型内容,进而保证接收方能够得到所需的建筑信息模型的信息。在确定交付模型的过程中所涉及的关键问题有:

① 确定交付原则。BIM 技术在国内外还处于发展阶段,远没有达到将所有的模型完整交付的要求。因此,在满足运维需求的前提下,BIM 交付内容应遵循适度原则。该原则主要是指模型对象的范围适度、细度适度和信息适度。

② 确定模型细度。建模对象的确定解决了轨道交通建筑信息模型交付对象的范围问题,而根据不同的运维管理要求,各专业模型的细度也是不一样的。美国建筑师协会(AIA)为了规范 BIM 参与方及项目各阶段的界限,在 2008 年定义了 LOD(Level of Details)概念,即模型的细致程度。它用来描述建筑信息模型构件单元从最低级的近似概念化的程度发展到最高级的演示级精度的过程。LOD 从概念设计到竣工设计被定义为 5 个等级,分别为:LOD 100—Conceptual 概念化、LOD 200—Approximate Geometry 近似构件(方案及扩初)、LOD 300—Precise Geometry 精确构件(施工图及深化施工图)、LOD 400—Fabrication 加工、LOD 500—As-Built 竣工。

③ 属性信息模板。BIM 模型需有多家单位建制,自定义的信息类型无序,且其属性值的格式也不统一,难以为后期的运维提供准确可靠的数据。因此,根据模型信息适度的原则,需指定标准化的属性信息模板,以输入满足运维管理需求的信息。

（6）模型轻量化

当前,简单的模型文件一般较小,从 10 MB 的数量级到 100 MB 的数量级,但对于复杂的大型项目,模型文件可达到 1 GB 的数量级。如果模型文件过大,那么对计算机的硬件配置要求就会很高,而目前一般计算机的配置仍不能很好地满足大型模型文件的运行要求,导致无法对建筑信息模型进行有效管理。此外,在建筑的全生命周期中,运维阶段占其绝大部分,会产生大量的运维信息。而模型在使用过程中,由于对数据的实时更新程度要求较高,因此运行速度将是一个关键因素。目前可以通过对数据库中的信息进行筛选,舍去相对而言不重要的数据,以达到减轻数据库的目的,从而实现模型的内部轻量化。

第三章 装配式建筑模型及分类编码体系

3.1 名词解释

① 装配式混凝土结构:由预制混凝土构件通过各种可靠的连接方式装配而成的混凝土结构。

② 装配整体式混凝土结构:由预制混凝土构件通过各种可靠的方式进行连接并与现场后浇混凝土、水泥基灌浆料形成的装配式混凝土结构。

③ 装配整体式混凝土框架结构:全部或部分框架梁、柱采用预制构件构建成的装配整体式混凝土结构。

④ 装配整体式混凝土剪力墙结构:全部或部分剪力墙采用预制墙板构建成的装配整体式混凝土结构。

⑤ 钢筋套筒灌浆连接:在预制混凝土构件内预埋的金属套筒中插入钢筋并灌注水泥基灌浆料而实现的钢筋连接方式。

⑥ 预制外挂墙板:安装在主体结构上,起围护、装饰作用的非承重预制混凝土外墙板。

⑦ 预制混凝土夹心保温板:中间夹有保温层的预制混凝土外墙板。

3.2 常见装配式混凝土结构预制构件介绍

3.2.1 叠合板

钢筋桁架混凝土叠合板是目前国内最为流行的预制底板。

（1）构件说明

叠合板可根据预制板接缝构造、支座构造、长宽比按单向板或双向板设计。在预制板内设置钢筋桁架，可增加预制板的整体刚度和水平界面抗剪性能。钢筋桁架的下弦与上弦可作为楼板的下部和上部受力钢筋使用。施工阶段，验算预制板的承载力及变形时，可考虑桁架钢筋的作用，减少预制板下的临时支撑。

（2）安装流程

叠合板支撑→安装叠合板→吊装就位→叠合→板位置校正→绑扎叠合板负弯矩钢筋，支设叠合板拼缝处等后浇区域模板。

（3）叠合板二维图纸、BIM 模型及其图片如图 3-1，图 3-2，图 3-3 所示。

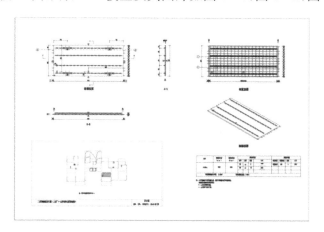

图 3-1　叠合板图纸

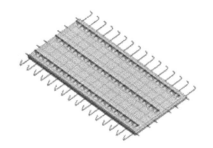

图 3-2　叠合板 BIM 模型

图 3-3　叠合板图片

3.2.2　叠合梁

（1）构件说明

叠合梁是一种预制混凝土梁，是在现场后浇混凝土而形成的整体受弯构件。一般叠合梁下部主筋已在工厂完成预制并与混凝土整浇完成，上部主筋需现场绑扎或已在工程绑扎完毕但未包裹混凝土。叠合梁预制部分的截面形式可采用矩形或凹口截面形式。

（2）安装流程

梁支撑安装→梁吊装就位→调节梁水平与垂直度→梁钢筋连接→梁套筒灌浆。

（3）叠合梁二维图纸、BIM 模型及其图片如图 3-4，图 3-5，图 3-6 所示。

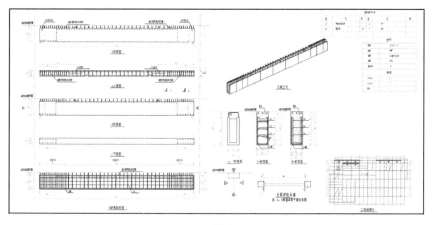

图 3-4　叠合梁图纸

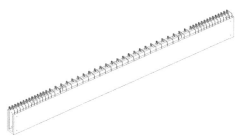

图 3-5　叠合梁 BIM 模型

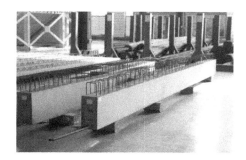

图 3-6　叠合梁图片

3.2.3　预制剪力墙

（1）构件说明

相对于现浇的剪力墙而言,预制剪力墙可以完全预制墙体或将墙体做成中空,但剪力墙的主筋需要在现场完成连接。在预制剪力墙外表面需反打上外保温及饰面材料。剪力墙结构中一般部位的剪力墙可部分预制、部分现浇,也可全部预制;底部加强部位的剪力墙宜现浇。

预制剪力墙宜采用一字形,也可采用 L 形、T 形或 U 形。预制墙板洞口宜居中布置。楼层内相邻预制剪力墙之间的连接接缝应现浇形成整体式接缝。当接缝位于纵横墙交接处的约束边缘构件区域时,约束边缘构件的阴影区域宜全部采用后浇混凝土,并应在后浇段内设置封闭箍筋。

（2）墙安装流程

墙板斜支撑准备→剪力墙吊装就位→调节剪力墙水平度与垂直度→现浇节点钢筋连接→现浇节点支模。

（3）预制剪力墙二维图纸、BIM 模型及其图片,如图 3-7,图 3-8,图 3-9 所示。

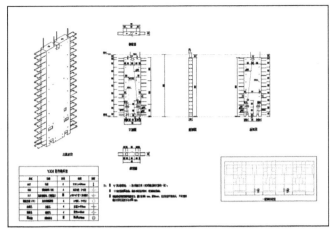

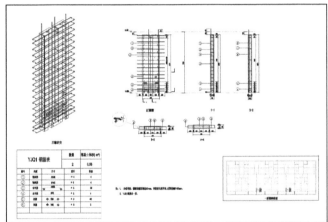

图 3-7　预制剪力墙模板图+配筋图

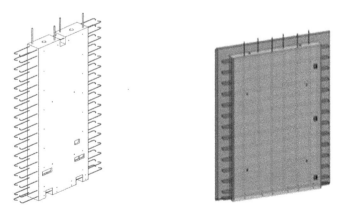

图 3-8　预制剪力墙 BIM 模型

图 3-9 预制剪力墙图片

3.2.4 预制框架柱

（1）构件说明

装配整体式结构中一般部位的框架柱可采用预制柱，重要或关键部位的框架柱应现浇，如穿层柱、跃层柱、斜柱，高层框架结构中地下室部分及首层柱。

上下层预制柱连接缝宜设置在楼面标高处。为保证抗震性能，框架柱的纵向钢筋直径较大，宜采用套筒灌浆连接。

（2）安装流程

找平→柱吊装就位→柱支撑安装→柱纵筋套筒灌浆。预制柱上侧节点核心区浇筑前安装柱头钢筋定位板。

（3）预制框架柱二维图纸、BIM 模型及其图片如图 3-10，图 3-11，图 3-12所示。

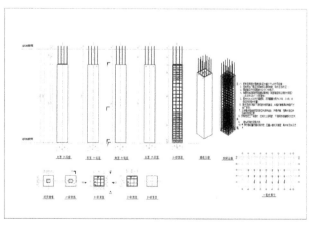

图 3-10 预制框架柱图纸

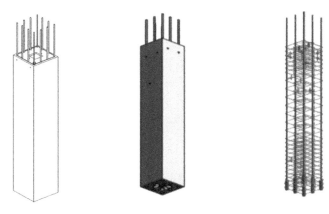

图 3‑11　预制框架柱 BIM 模型

图 3‑12　预制框架柱图片

3.2.5　预制外挂墙板

（1）构件说明

外挂墙板采用外饰面反打技术,将保温层及预制构件一体化,防水、防火及保温性能得到提高。外挂墙板是实现建筑外立面无砌筑、无抹灰、无外架的绿色施工,包括普通外挂墙板和夹心外挂墙板。对于预制夹心外挂墙板,目前国内通常采用的是非组合式的夹心墙板,外叶墙板仅作为荷载,内叶墙板受力。

（2）安装流程

吊具安装→预制外挂墙板吊运及就位→安装及校正→预制外挂墙板与现浇结构节点连接→混凝土浇筑→预制外挂墙板间拼缝防水处理。

（3）预制外挂墙板二维图纸、BIM 模型及其图片如图 3‑13,图 3‑14,图 3‑15所示。

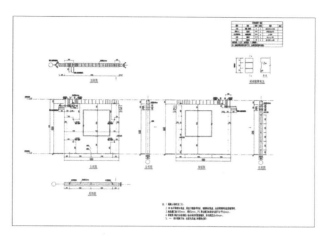

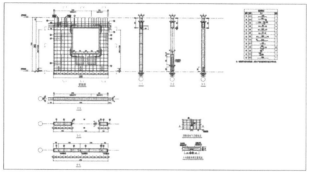

图 3-13 预制外挂墙板模板图十配筋图

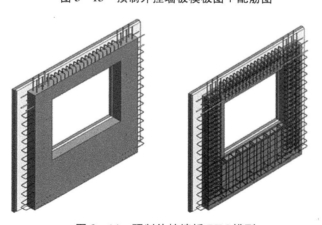

图 3-14 预制外挂墙板 BIM 模型

图 3-15 预制外挂墙板图片

3.2.6 预制楼梯

（1）构件说明

预制装配式钢筋混凝土楼梯是指梯段由平台梁支承的楼梯构造方式。预制构件可按梯段（板式或梁板式梯段）、平台梁、平台板三部分进行划分。预制楼梯与支承构件之间宜采用一端为固定铰、一端为滑动铰的简支连接。其中固定铰不可平移、可转动；滑动铰可平移、可转动，有防止滑落和掀起的措施。楼梯端部支撑由梯梁及挑耳组成，其中挑耳设计要充分考虑自重、地震、温度作用等因素的影响。

（2）安装流程

吊具安装→预制楼梯吊运及就位→钢筋对位→安装及调整→预留洞口填补。

（3）预制楼梯二维图纸、BIM 模型及其图片如图 3-16，图 3-17，图 3-18 所示。

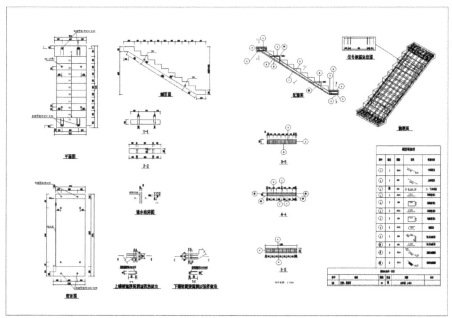

图 3-16 预制楼梯图纸

图 3-17 预制楼梯 BIM 模型

图 3-18 预制楼梯图片

3.3 构件编码原理及状态管理

信息编码是指将事物或概念赋予具有一定规律、易于计算机和人识别处理的符号,形成代码元素集合。代码元素集合中的代码元素就是赋予编码对象的符号,即编码对象的代码值。

信息代码有数字型代码、字母型代码、数字与字母混合型代码 3 种。它们各有所长,通常根据企业的需要、信息量的多少、信息交换的频度、计算机的容量等因素综合考虑选用。

数字型代码是用一个或若干个阿拉伯数字表示编码对象的代码,简称数字码。在数字格式代码值赋值时,不宜使用全部是 0 或全部是 9 的值。这些值应当保留用于特殊情形。字母型代码是用一个或多个拉丁字母表示编码对象的代码,简称字母码。字母码便于人们记忆,但不便于机器处理信息,特别是当编码对象数目较多或添加、更改频繁以及编码对象名称较长时,常常会出现重复和冲突的现象。因此,字母码常用于编码对象较少的情况。混合型代码是由数字、字母组成的代码,或由数字、字母、特殊字符组成的代码。混合型代码的特点是基本兼有数字型编码、字母型编码的优点,结构严密,具有良好的直观性,同时又符合使用上的习惯。但是,由于代码组成格式复杂,因此也存在一定的缺点,即计算机输入不方便、录入效率低、错误率高、不便于机器处理。各类型信息编码优缺点如表 3 - 1 所示。

表 3 - 1　信息编码类型优缺点比较

	优点	缺点
数字型代码	结构简单,使用方便,排序容易并且易于推广	代码对象特征描述不直观
字母型代码	容量大 可提供便于人们识别的信息	不便于机器处理信息
混合型代码	基本兼有数字型代码、字母型代码的优点 结构严密,具有良好的直观性	不便于机器处理

3.3.1　国外建筑信息分类编码标准

国外的信息分类编码起源较早,但是由于各国建设环境和组织管理方式的不同,西方各国的分类标准和编码方法存在着很大的差异,甚至同一国家的不同地区也存在着基于不同标准的分类体系。为了建筑行业朝着国际化方向发展,国际标准化组织(ISO)和西方发达国家编制了一些标准体系,经过 20 多年的发展,现已形成了较为成熟的分类编码体系。

下面将主要介绍国际标准组织制定的信息分类框架,传统的两大信息分类体系 Uniformat Ⅱ、Masterformat,以及基于 ISO 框架的现代分类体系 OmniClass。

(1) ISO 分类框架

ISO 12006 - 2 即建筑工程信息组织第 2 部分:信息分类框架,由国际标准化组织发布,是对实际工程经验的总结和对 ISO 14177 的补充和完善,该标准体系框架的分类对象是建设活动全生命周期中涉及的所有信息数据。ISO 12006 - 2 标准中的分类对象有:对象和过程模型、类别、组成以及类别和组成共用等。其中最重要的是对象和过程模型,即一个对象在建设过程中使用一定建设资源产生建设结果,只是一个主要框架结构,还要加上一些次要结构作补充,才能形成一个完整的分类体系。基于以上原则,ISO 12006-2采用面分类法,对各信息的基本概念进行了概括,形成了17个推荐分类表。该分类体系的特点是分类表里没有给出详细的分类内容,只给出了分类框架。编制此标准的目的是在该分类框架下,各国应根据各自的建筑特点、管理方式和法律法规,编制更详细的便于实施操作的分类体系。因此,该标准并未给出编码规则和方法。

（2）Uniformat Ⅱ

Uniformat Ⅱ是美国用于对建筑物构件和相关场地工程进行分类的标准,它采用的线分类法,主要用于对建筑工程的造价分析。

Uniformat Ⅱ采用四级层次分类结构,第一层级有7类,分别为地下结构、外封闭结构、建筑物内部、配套设施、设备及家具、特殊建筑物和建筑物拆除、建筑场地工作。Uniformat Ⅱ以"字母＋数字"的形式对建筑部品进行编码,共5位。大类代码共1位,用大写字母表示;中类代码共3位,由数字和大写字母组成;小类代码共5位,前3位为大类和中类代码,第4位为小类代码,最后1位为细类代码,若无细类代码最后一位用0补齐。

（3）Masterformat

Masterformat是由加拿大建筑规范协会和美国建筑协会联合颁布的,主要是为商业建筑设计和北美的建筑工程而编制的标准,并可作为建筑师、承包商、分包商及供应商之间的沟通平台。Masterformat采用线分类法并按照产品的材料和功能进行分类,分为30大类,共4级。Masterformat采用全数字进行编码,其最大的特点是,并不是按照严格递增的顺序进行编码,在编码的过程中有一定的间断。Masterformat的编码共由8位数字组成。前2位表示大类代码,中间2位表示中类代码,后2位表示小类代码,在小类代码后增加两位细类代码,并且小类代码和细类代码之间用". "连接。

（4）OmniClass

OmniClass是由加拿大建筑规范协会和美国建筑协会颁布的,它是基于Uniformat Ⅱ、Masterformat等已有的分类标准体系编制出来的较为完整的建筑信息分类标准。OmniClass采用线面共用的混合分类方法,参照ISO 12006-2的分类原则,分为12大类,共有12个分类推荐表。OmniClass的编码由10位数字组成,前2位数字用于标识表号,后8位表示分类编码,中间用"－"连接。

3.3.2　国内建筑信息分类编码标准

我国建筑领域也存在许多关于建筑信息的分类,如建筑工程工程量清单计价规范、工程定额、建筑工程施工质量统一验收标准、中国图书馆分类法等。这些规范、标准中都含有建筑信息的分类结构，它们为满足不同的需求从不同的角度对建筑信息进行组织，在相应的应用领域发挥了重要的作用。但随着信息技术在建筑业的应用，这些不全面的建筑信息分类体系并不能满足信息集成化的需求。信息分类详细情况如表 3-2 所示。

表 3-2 我国现有建筑信息分类情况汇总

体系类别	名称	分类对象	分类方法	编码方式	适用范围
定额体系	建筑工程单位估价表	工项	线分法	章节号	建筑工程安装工程
	建筑工程综合定额	构件、设计构件	线分法	章节号	建筑工程
规范体系	建筑工程质量验收标准	构件、工项混合	线分法	无	建筑工程
	施工技术操作流程	工项	线分法	章节号	建筑工程安装工程
建筑文献	中国图书分类法	设施、单体、构件、工项、建筑产品(部分)、建设工具等	线分法	字母数字混合编码	建筑工程土木工程
产品目录	建筑工程单位估价表中的分类	建筑材料、施工机械	线分法	数字编码	—
	建筑网站中的分类	建筑产品(建材)	线分法	无	—

实操篇

第四章　PC 构件生产实操应用

4.1　PC 构件模具、钢筋、预埋件安装

4.1.1　应用概述

（1）价值体现

现阶段建筑产业化存在预制构件精细化管理难度大、设计与施工无缝对接难度大、专业化施工能力培养难度大等问题，从而造成构件返工或临时调整，影响生产进度。为了解决这些问题，可采用 BIM 技术指导预制构件的生产施工，如可以从模具、钢筋、预埋件安装等方面提前模拟建造，以提高预制构件的精准度。

（2）相关软件

Planbar、Revit、建筑数据集成平台。

4.1.2　具体内容

1）模具的安装

① 模具的制作宜选用钢材，应高度重视模具钢材质量，以及严格要求模具加工厂家对模具生产、加工的质量进行把关，模具与模具碰接的钢板边要经过铣边加工处理，并加装防漏胶条，减少模具漏浆。

② 模具在制作过程时，模具底板尽量做到用一块整钢板，如果钢板有拼接，应做到钢板拼接处满焊，然后再进行打磨平整处理。

③ 模具应具有足够的刚度、强度和平整度，在运输、存放过程中应采取措施防止其变形、受损，存放模具的场地应坚实、无积水。

④ 预制构件的模具设计直接影响到预制构件的外观质量,通常由机械设计工程师根据拆解的构件单元设计图进行模具设计。模具应具有必要的刚度和精度,既要方便组合以保证生产效率,又要便于构件成型后的拆模和构件翻身。模具图纸一般包括平台制作图、边模制作图、零配件图、模具组合图,复杂模具还包括总体或局部的三维图纸。

⑤ 经过多次使用的模板,当表面出现较大面积的凹凸不平现象时,必须用 2 m 靠尺实测检查,若凹凸面的高度差在 2 mm 之内,且整块钢模板无扭、翘变形则可继续使用。否则必须重新铺设钢板,并经找平处理后方可投入使用。重新铺设的模板质量必须符合相关规范中的质量要求。

⑥ 组装好的模板必须拼装严密,防止因浇筑混凝土时漏浆而影响整个 PC 构件的外观质量。在模板的拼装过程中,可采用加垫泡沫密封条或玻璃胶嵌缝等进行密封,防止混凝土浇筑时漏浆。

模具的拼装:根据预制构件图纸,进行模具的拼装,模具拼装严格遵循《混凝土结构工程施工质量验收规范》(GB 50204—2015)。

预制构件模具的模型及实体如图 4-1,图 4-2 所示。

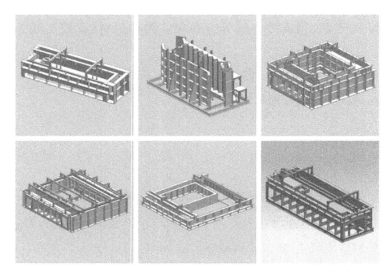

图 4-1　预制构件模具模型

图 4 - 2　预制构件模具实体

2）钢筋的安装

（1）钢筋建模（如图 4 - 3，图 4 - 4，图 4 - 5，图 4 - 6，图 4 - 7，图 4 - 8，图 4 - 9 所示）

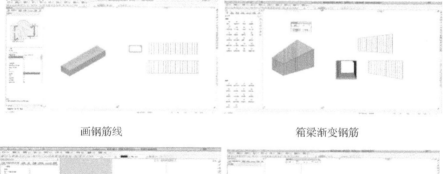

画钢筋线　　　　　　　　　　　　箱梁渐变钢筋

钢筋沿路径扫描　　　　　　　　　钢筋沿原材断开

图 4 - 3　钢筋建模方法

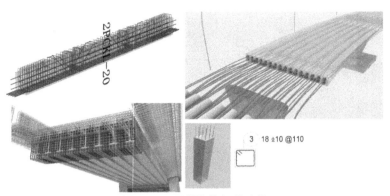

图 4 - 4　预制构件钢筋建模

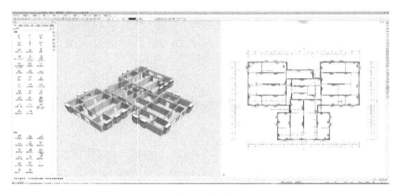

图 4 - 5　二维和三维联动操作界面

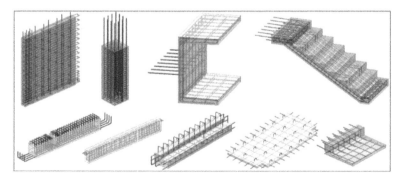

图 4 - 6　各类预制构件模型

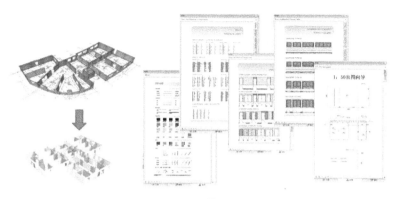

图4-7　模型库

图4-8　快速出图

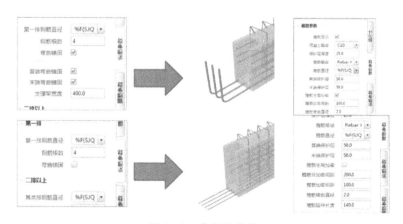

图4-9　参数化构件

　　预制构件带钢筋、预埋件可以被快速复制到其他楼层并且正确显示，实现快速复制，信息无丢失，如图4-10所示。

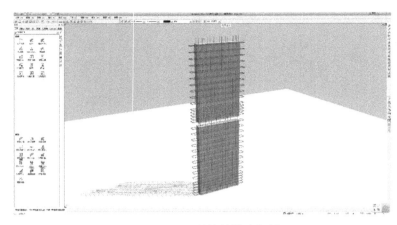

图 4 - 10 预制构件快速复制

（2）钢筋安装

① 钢筋的安装过程是先外绑扎模具,绑扎完成后再吊装到模具上,如图 4 - 11 所示。

② 钢筋绑扎需在混凝土平板面上进行,绑扎梁、柱、墙、板等构件的钢筋骨架前,应先按设计图纸要求对各规格构件的截面尺寸,钢筋规格、间距,预埋件的位置等进行准确放样并弹出墨线,再进行钢筋绑扎。

③ 绑扎钢筋过程中需对钢筋的规格、间距、位置、连接方式及保护层厚度等进行核对,要求准确无误,钢筋分布要求均匀排列。

④ 梁板钢筋绑扎时必须严格控制高度,严禁超厚,各构件的钢筋宜使用通长钢筋,加长钢筋需按设计要求进行连接加长。

⑤ 梁钢筋一排筋与二排筋采用分隔筋隔开,分隔筋直径≥主筋直径或 25 mm;分隔筋距支座边 500 mm 设置一道,中间每隔 3 m 设置一道。

⑥ 各种构件的水平筋或箍筋与每根主筋相交节点位置均需绑扎牢固,不得出现"隔一绑一"的跳绑形式。

⑦ 钢筋绑扎完成经验收合格后用吊具吊进模具内,每个构件的钢筋骨架需设置 2 个(或 4 个)平衡吊点,钢筋骨架内的吊点主要是加设钢构件作为吊点,不准直接将钢筋骨架体作为吊点使用。吊放时控制吊点力量的平衡,勿使钢筋笼变形。钢筋加工允许偏差及检测方法应符合规定。

图 4-11 预制构件钢筋绑扎

⑧ 钢筋吊装过程需先进行试吊,吊离地面 800 mm 高度,停顿约 20 s,确保钢筋架体平衡、平稳和稳固可靠后方可进行吊装入模,如图 4-12 所示。

图 4-12 钢筋吊装试吊

⑨ 钢筋架体入模时要有人进行扶正,确保位置正确后方可下吊。

⑩ 为保证钢筋保护层厚度,需设垫块,如图 4-13 所示。不同的梁、板、墙、柱钢筋需设置不同的垫块,以保证保护层厚度符合设计和规范要求。钢筋垫块主要采用预制成品垫块,为了防止钢筋骨架移位,应适当在钢筋骨架上增加钢筋段焊接顶到位模具。梁、柱钢筋按每 500 mm 布置 2 个放置在角筋位置;墙、板按纵横800 mm×800 mm 间距设置垫块;梁底部按每 500mm 布置 2 个放置在角筋位置。

  a. 保护层垫块宜采用塑料类垫块,且应与钢筋笼绑扎牢固。垫块按梅花状布置,间距不宜大于 600 mm。

图 4 - 13　预制构件钢筋保护层垫块

  b. 为保证预制构件达到清水混凝土标准,同时加强钢筋骨架的稳定性,对常规的保护层垫块进行了改进,平板的垫块改为正四棱台形;立面的垫块,改卡口为半圆形,可将钢筋卡在半圆内,再用绑扎丝扎牢。

  ⑪ 钢筋骨架安装完成后,用吸尘器将梁底清理干净后沉梁,如图 4 - 14 所示。

图 4 - 14　钢筋骨架安装完成

  ⑫ 钢筋绑扎网和骨架的允许偏差应符合规定。

  ⑬ 钢筋绑扎完毕,混凝土浇筑前,要做好隐蔽工程验收工作,每道工序验收需报验给建设单位或监理单位驻场代表验收,签字确认后方可进行下一工序施工。

  ⑭ 钢筋笼入模时,应采取措施防止变形,入模后的钢筋笼应按图纸要求检查钢筋位置、直径、间距、保护层厚度等。

⑮ 钢筋笼使用吊机吊运,在吊运过程中,应防止撞击。吊入操作区域时,要用支撑架稳定,以防止钢筋笼扭曲变形。吊机吊运钢筋笼应轻轻放入模具内,发现有问题之处,应及时对钢筋笼进行整改,严禁对钢筋笼乱敲乱打,强行放入模具。钢筋笼装放完成后,应对其进行检验,检验合格后方可落混凝土。钢筋安装的允许偏差及检验方法应符合规定。预制构件钢筋笼吊装如图4-15所示。

图 4 - 15　预制构件钢筋笼吊装

3）预埋件安装与预留

① 严格按照设计图纸进行施工,保证预埋件的型号、规格、数量与图纸完全一致,并保证预埋件的安装偏差在规范范围内。

② 对于构件的预埋件、预留孔、伸出钢筋,应在模具相应位置制作固定支架。

③ 预埋件的固定钢筋要求平直,无变形、扭曲,固定时螺栓一定要拧紧,以防止走位。

④ 固定预埋件的配件及安装方法:安装前,清理干净石渣,并打好脱模剂;安装时用螺丝拧紧预埋件的配件,检查该固定配件的位置及尺寸等是否准确。

⑤ 预制构件的门窗钢副框、预埋管线应在浇筑混凝土前预先放置并固定,并采取防止窗体表面及预埋管线污染及破损的措施。图4-16,图4-17展示了铝窗框的安装及内螺纹套管埋件。

（6）钢板、套管、套筒等预埋件宜等钢筋安装在模具上后再进行安装,预埋件安装前需先放好线位,用加设钢筋点焊固定,然后上、下、左、右、前、后用钢筋点焊固定在模具上,以防止混凝土浇筑时预埋件移位。

（7）埋设铁件的位置误差不得超±2 mm,每次要确认检查无误。

（8）放置埋设铁件于型模内时,应尽量避免剪断其附近钢筋,如必须剪断才能置入时,应事先提出其剪断部分之后加强筋配置的方案。

图 4-16 铝窗框安装

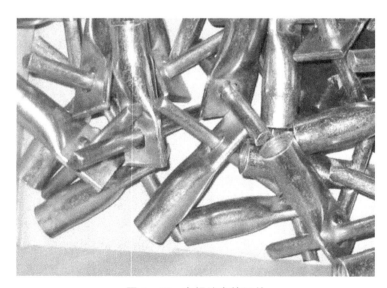

图 4-17 内螺纹套管埋件

（9）埋设铁件的焊道应检查确认符合电焊标准，不得有焊道厚度不足、下陷、气孔或留有焊渣的现象。

（10）预埋螺栓（或螺杆孔洞）主要是作脱模、搬运、支撑孔及将来工地垂直吊装之用，对每个预制构件应检查其螺丝部分预留的螺纹深度是否足够（依设计图），预制厂监工人员应对每个预制构件进行检查,以确保其满足规范要求。

(11)预埋件、预留孔洞和门窗安装的允许偏差应符合表4-1的要求。

表4-1　预埋件、预留孔洞和门窗安装的允许偏差

项目	允许偏差/mm
预埋件中心定位	±3
预埋件与混凝土水平面高差	±2
预埋套筒、螺栓和螺母中心定位	±2
连接套筒预埋螺栓和螺母垂直度	1/500

(12)自动计算预制楼板吊点位置

在放置叠合楼板时,用户可以根据需要自动放置吊环,吊点位置计算如图4-18所示。

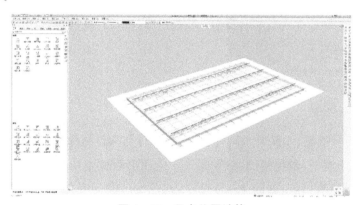

图4-18　吊点位置计算

(13)预埋件重量

允许用户对符号/线型/面型预埋件添加重量,如图4-19所示。

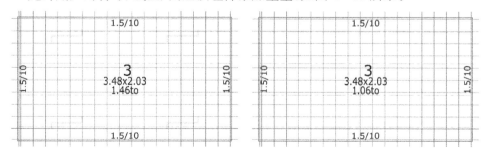

图4-19　预埋件添加重量

4.2 构件模具、钢筋、预埋件的冲突与解决

4.2.1 应用概述

（1）价值体现

在装配式建筑设计阶段，可采用 BIM 技术进行 PC 结构设计，包括建筑设计、结构设计以及设备设计等。在深化设计阶段，由于 PC 构件是在所有构件制作完成后，才被运输到施工现场进行安装的，这就要求构件一定要精确，否则构件无法安装到位，不仅影响施工质量，还会延长施工工期，增加企业的建造成本。但是单靠工人筛选检查是非常困难的，因此可以通过 BIM 模型，发现施工现场可能会出现的问题，并且加强建筑模型的碰撞检测，及时发现构件之间、构件的预埋钢筋之间存在的冲突和问题，并根据检测结果，深化设计图纸，对存在问题的设计构件进行相应的调整。

（2）相关软件

Planbar、Navisworks。

4.2.2 具体内容

（1）钢筋与钢筋、钢筋与预埋件、混凝土构件与构件碰撞

优化 BIM 模型，避免碰撞，减少损失。应用碰撞检查功能对钢筋和钢筋、钢筋和预埋件进行碰撞检查，如图 4 - 20 所示，快速发现设计中存在的不合理问题并及时解决，将错误降到最低，最大限度地降低项目返工风险。

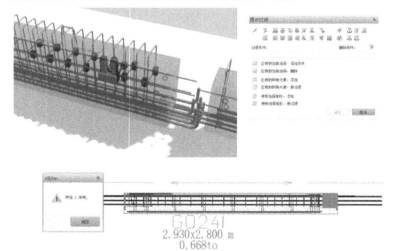

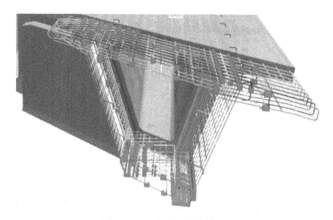

图 4 - 20 钢筋碰撞检测

（2）MEP 管线与预制构件碰撞

管线在预制构件中自动开洞或者放置相关预埋件，图 4 - 21 展示了管线的碰撞检测。

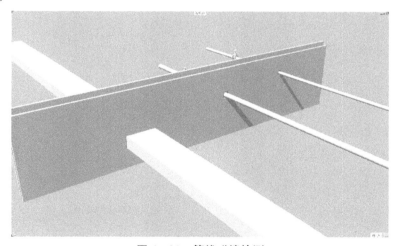

图 4 - 21 管线碰撞检测

钢筋与预埋件发生冲突时，应优先保证预埋件位置，将钢筋折弯绕开，不允许将钢筋剪断。墙板制作时预留套管孔洞，线盒与结构钢筋、套筒碰撞时，可适当调整线盒水平位置但要保证标高不变，或微调钢筋位置但不得剪断，套筒连接钢筋不得移动。

4.3 生产流程及工艺基本知识

4.3.1 应用概述

（1）价值体现

随着我国科学技术的发展，房屋建筑也能够机械化生产，被大批量地生产制造。而 PC 构件工厂只需把所需要的构件运输到工地就能开始组装，具有成本低、效率高等优点。新形势下的构件工厂的标准化生产流程、装配化施工、一体化装修以及管理信息化，是建筑行业的重大改革。

标准化生产流程是为了建立健全生产工艺管理，明确生产责任，规范工艺流程，保证工艺流程处于受控状态，以实现优质、高效、低耗、安全的目的。

（2）相关软件

Revit、Planbar、建筑数据集成平台。

4.3.2 具体内容

Planbar 包括列表发生器、报告、图例三项功能，只需一键点击，就能够分别以不同的格式为用户快速创建所需的物料清单，如：构件清单、单个构件物料清单、工厂钢筋加工下料单等，如图 4-22 所示。对于物料清单的导出格式，用户可以在模板的基础上进行自定义设置。

图 4-22 Planbar 物料清单

Planbar 中的模型信息能够以 XML 数据格式导出,其模型信息架构如图 4-23 所示。通过对 XML 数据进行解析,ERP 系统能够轻松地提取混凝土、钢筋、预埋件的物料信息,如物料名称、编码、数量、单位等。

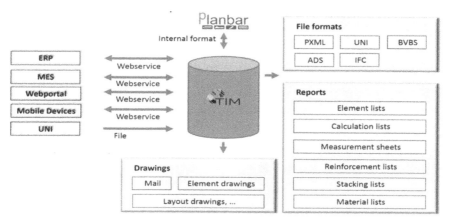

图 4-23　Planbar 模型信息架构

提供自动化生产设备数据。目前 Planbar 所提供的生产数据,可与全球范围内绝大多数自动化流水线进行无缝对接,例如将生产数据以 Unitechnik 和 PXML 等格式导出后传递到中控系统,实现工厂流水线的高效运转,如图 4-24 所示。

图 4-24　Planbar 生产设备数据传递

提供钢筋加工设备数据。Planbar 可为钢筋加工设备(如图 4-25 所示)提供需要的生产数据,包括钢筋弯折机需要的 BVBS 数据;钢筋网片焊接机需要的

MSA 数据(MSA 数据甚至支持弯折的钢筋网片的加工生产)。

图 4 - 25　钢筋加工设备

提供 ERP 系统数据:Planbar 中的模型信息能够以 XML 数据格式导出,通过对 XML 数据进行解析,ERP 系统能够轻松地提取混凝土、钢筋、预埋件的物料信息,如物料名称、编码、数量、单位等。提供 5D 管理平台数据:Planbar 提供相关数据,以便于实现项目的 5D 管理。支持 40 种以上的数据交换:Planbar 随时可快速简单地将数据信息以用户需要的任意格式导出,如 DXF、DWG、PDF、IFC、SKP、C4D、DGN、3DS、3DM、UNI、PXML 等。支持二次开发:Planbar 提供程序二次开发包,方便用户根据自己的业务需求进行二次开发。

4.4　扫码工具的操作及原理

4.4.1　应用概述

(1) 价值体现

二维码具有以下优点:① 高密度编码,信息容量大。② 编码范围广。③ 容错能力强,具有纠错功能。④ 译码可靠性高。⑤ 可引入加密措施。⑥ 成本低,易制作,持久耐用。⑦ 条码符号形状、尺寸大小比例可变。⑧ 二维条码可以使用激光或 CCD 阅读器识读。

激光扫描器由于其独有的大景深区域、高扫描速度、宽扫描范围等突出优点得到了广泛的使用。另外,激光条码扫描器(图4-26)由于能够高速扫描识读任意方向通过的条码符号,因此被大量使用在各种自动化程度高、物流量大的领域。

（2）相关软件

建筑数据集成平台、二维码生成管理平台。

图4-26　激光条码扫描器

4.4.2　具体内容

在构件可视化跟踪管控方面,采用全流程数字化管理,为每一个构件定制专属的"二维码身份证",客户通过App扫描二维码,跟踪构件,实现全生产流程数据采集和信息化管理的闭环操作,令构件管理高效、实时、准确,如图4-27所示。

图4-27　构件可视化跟踪管控

信息生成(如图4-28所示)。

图4-28　二维码生成管理平台

成果提交(如图 4 - 29,图 4 - 30,图 4 - 31 所示)。

图 4 - 29　构件二维码扫描内容

图 4 - 30　装配式平台

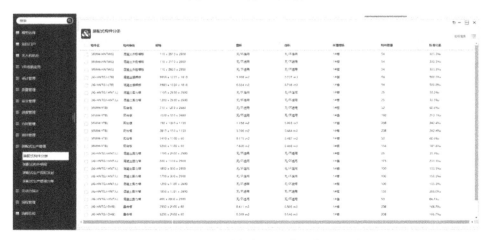

图 4 - 31　建筑数据集成平台

第五章　PC 构件施工现场实操应用

5.1　装配式建筑核心施工方案及工艺

5.1.1　应用概述

（1）价值体现

装配式钢结构作为装配式建筑三大结构体系之一，具有抗震性能好、建筑品质高、制作简单、施工快、绿色、环保等优点。

（2）相关软件

Revit、Fuzor、相关平台。

5.1.2　具体内容

一、准备工作

1）场地准备

做好三通一平工作。在起重机进场之前，按照施工平面布置图，标出起重机的开行路线、构件运输路线与构件堆放场地，清理场地和平整、压实道路。对起重机不能作业的松软地面、停机点要用枕木铺垫。确认起重机回转范围内无障碍物，电源是否接通等。图5-1为施工场地布置示意图。

2）基础准备

基础为钢筋混凝土矩形基础，在吊装前要在基础面上弹出建筑物的纵、横定位线和柱的吊装准线，作为柱对位、校正的依据。若吊装时发生了不利于进行下道工序的较大误差，应进行纠正。图5-2为基础准备示意图。

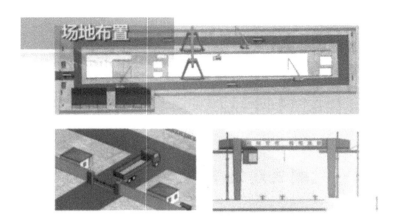

图 5-1 施工场地布置示意图

图 5-2 基础准备示意图

3) 技术准备

工程开工前,由技术负责人组织施工技术人员熟悉施工图纸,领会设计意图,对施工图进行图纸自审。在图纸自审的基础上,会同设计院、监理进行专业图纸会审。编制各分部分项工程施工作业方案。进行技术交底,制定本工程项目质量计划。配备本工程所需规范、标准和资料表格。图 5-3 为技术准备示意图。

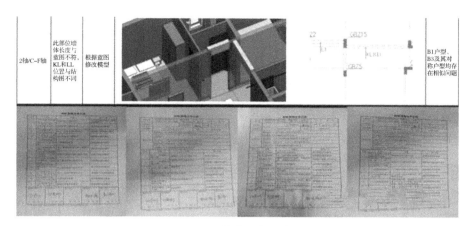

图 5-3　技术准备示意图

4）资源准备

材料准备：根据网络进度计划编制材料进场计划和设备进场计划，落实材料、设备供应。安排运输及储存，并做好验收检验工作。

劳动力准备：项目经理根据施工进度计划编制劳动力需求计划，按照劳动力进场计划，组织劳动力进场，并对施工作业人员进行入场质量、安全、文明施工和环保教育。

图 5-4 为资源准备示意图。

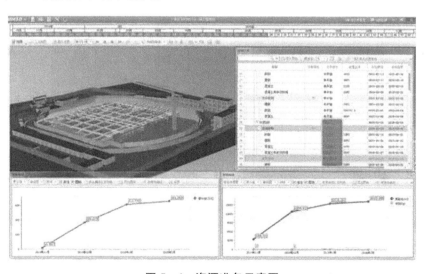

图 5-4　资源准备示意图

二、操作流程及思路

1）确定工程基点、层高

打开建模软件新建项目，确定工程基点、层高，如图 5-5 所示（建模前不同专业间应确定统一基点，以避免影响后期土建模型和钢构模型的拼接）。

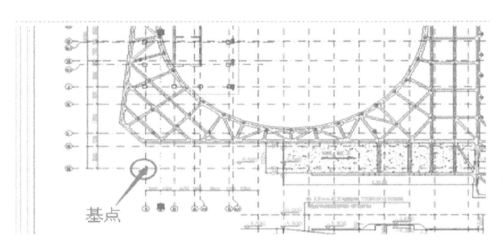

工程设置

| 工程概况 | 算量模式 | 楼层设置 | 材质设置 | 标高设置 |

楼层设置

楼层名称	层高/mm	楼层性质	层数	楼地面标高/mm	图形文件名称	备注
0	0	基础层	1	-27250	格构柱_0.dwg	
-6	3700	地下室	1	-27250	格构柱_-6.dwg	
-5	3450	地下室	1	-23550	格构柱_-5.dwg	
-4	4950	地下室	1	-20100	格构柱_-4.dwg	
-3	4600	地下室	1	-15150	格构柱_-3.dwg	
-2	3450	地下室	1	-10550	格构柱_-2.dwg	
-1	7000	地下室	1	-7100	格构柱_-1.dwg	
1	3000	普通层	1	-100	格构柱_1.dwg	

图 5-5 确定工程基点、层高

2）叠合楼板施工流程

叠合楼板施工流程如图 5-6 所示。

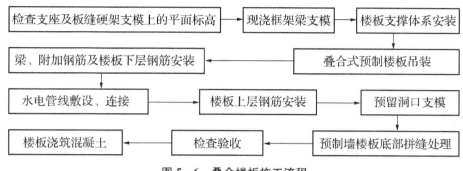

图 5-6 叠合楼板施工流程

（1）检查支座及板缝硬架支模上的平面标高

用测量仪器从两个不同的观测点测量墙、梁及硬架支模的水平楞的顶面标高。复核墙板的轴线，并校正。

（2）楼板支撑体系安装

① 本工程叠合楼板支撑体系采用承插式支撑架系统，如图 5-7 所示，安装方便快捷，间距、步距、尺寸标准，其稳定性、安全性均优于扣件式支撑架系统。顶部可调顶托以方便检查调节标高。

图 5-7 安装外支撑架示意图

② 楼板支撑体系木工字梁设置方向垂直于叠合板内格构梁的方向。

③ 起始支撑设置根据叠合楼板与边支座的搭设长度来决定，当叠合楼板与边支座的搭接长度大于或等于 40 mm 时，楼板边支座附近 1.5 m 内无须设置支撑；当叠合楼板与边支座的搭接长度小于 35 mm 时，需在楼板边支座附近 200～

500 mm 范围内设置一道支撑体系。图 5 - 8 为斜支撑架安装示意图。

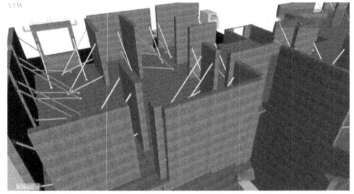

图 5 - 8　安装斜向支撑架示意图

④ 楼板的支撑体系必须有足够的强度和刚度。楼板支撑体系的水平高度必须达到精准的要求,以保证楼板浇筑成型后底面平整,跨度大于 4 m 时中间的位置要适当起拱,如图 5 - 9 所示。

图 5 - 9　安装叠合板支撑示意图

⑤ 楼板支撑体系的拆除,必须在现浇混凝土达到规范规定强度后方可拆除,如图 5-10,图 5-11 所示。

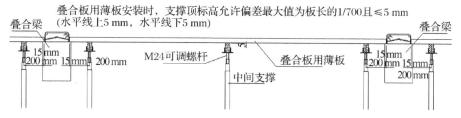

图 5-10 楼板支撑体系拆除示意图

图 5-11 楼板支撑体系拆除现场图

(3) 叠合楼板吊装

① 本工程楼板的吊装采用 QTZ63 塔吊吊装,分两个班组进行。叠合楼板的安装铺设顺序按照板的安装布置图进行。

② 吊装前与相关单位沟通好叠合楼板的供应,以确保吊装顺利进行。

③ 楼板吊装前应将支座基础面及楼板底面清理干净,避免点支撑。

④ 吊装时先吊铺边缘窄板,然后按照顺序吊装剩下的板。

⑤ 每块楼板起吊时用 4 个吊点,吊点位置为格构梁上弦与腹筋交接处,吊点与板端的距离为整个板长的 1/5 到 1/4 之间。

⑥ 吊装索链采用专用索链和 4 个闭合钓钩,平均分担受力,多点均衡起吊,单个索链长度为 4 m。

⑦ 楼板铺设完毕后,板的下边缘不应出现高低不平的情况,也不应出现空隙,局部无法调整避免的支座处的空隙应做封堵处理。支撑柱可以做适当调整,使板的底面保持平整,无缝隙。图 5-12 为布设叠合板后浇区域模板示意图。

图 5 - 12　布设叠合板后浇区域模板示意图

（4）梁、附加钢筋及楼板下层横向钢筋安装

① 预制楼板安装调平后，按照施工图进行梁、附加钢筋及楼板下层横向钢筋的安装。

② 按照施工图纸和规范要求处理好梁锚固到暗柱中的钢筋及现浇板负筋锚固到叠合墙板内的钢筋。钢筋校准如图 5 - 13 所示。

图 5 - 13　钢筋校准示意图

（5）水电管线敷设、连接

① 楼板下层钢筋安装完成后，应进行水电管线的敷设与连接工作。为便于施工，叠合板在工厂生产阶段已将相应的线盒及预留洞口等按设计图纸预埋在预制板中。

② 楼中敷设管线，正穿时采用刚性管线，斜穿时采用柔韧性较好的管材。避

免多根管线集束预埋,采用直径较小的管线,分散穿孔预埋。施工过程中各方必须做好成品保护工作。

（6）楼板上层钢筋安装

① 水电管线敷设经检查合格后,应进行楼板上层钢筋的安装。

② 楼板上层钢筋应设置在格构梁上弦钢筋上并绑扎固定,以防止偏移和混凝土浇筑时上浮。

③ 对已铺设好的钢筋、模板进行保护,禁止在底模上行走或踩踏,禁止随意扳动、切断格构钢筋。

（7）预制楼板底部拼缝处理

① 在墙板和楼板混凝土浇筑之前,应派专人对预制楼板底部拼缝及楼板与墙板之间的缝隙进行检查,对一些缝隙过大的部位进行支模封堵处理。

② 塞缝选用干硬性砂浆并掺入水泥用量为5%的防水粉。

叠合板的安装如图5-14所示。

图5-14　叠合板安装示意图

（8）检查验收

① 楼板安装施工完毕后,先由项目部质检人员对楼板各部位的施工质量进行全面检查。

② 项目部质检人员检查完毕并认为楼板安装施工合格后报监理公司,由专业监理工程师进行复检。

叠合式预制楼板安装允许偏差如表5-1所示。

表 5 − 1　叠合式预制楼板安装允许偏差

序号	项目	允许偏差/mm	检验方法
1	预制楼板标高	±4	水准仪或拉线、钢尺检查
2	预制楼板搁置长度	±10	钢尺检查
3	相邻板面高低差	2	钢尺检查
4	预制楼板拼缝平整度	3	2 m 靠尺和塞尺检查

（9）混凝土浇筑

① 监理工程师及建设单位工程师复检合格后，方能进行叠合墙板混凝土浇筑。

② 本工程的叠合楼板混凝土浇筑与叠合楼板、暗柱、框架梁一起浇筑。

③ 混凝土浇筑前，需清理叠合楼板上的杂物，并向叠合楼板上部洒水，以保证叠合楼板表面充分湿润，但不宜有过多的水。

④ 本工程采用微膨胀细石混凝土，目的是从原材料上保证混凝土的质量。

⑤ 振捣时，要防止钢筋发生位移。

3）试验阶段施工

在试验阶段，施工单位与建设单位、监理单位及有关专家应总结经验，完善施工过程中存在的不足之处。试验阶段应注意的问题有：

（1）当楼板跨度大于 4 m 时，应按照传统的方法，记录起拱的高度，浇筑混凝土后，记录拱下沉的高度。收集数据，便于后面与设计院沟通研究新的方法。

（2）确定叠合板吊装的合理顺序及吊装方法、混凝土浇筑的合理顺序。

（3）完善叠合板与暗柱交接处钢筋的安装方法。

（4）完善叠合板中预埋的水电管线与现场安装管线交接处的施工方法及叠合板内预埋管线的方法。

（5）完善叠合墙板之间板缝的处理方法。

（6）根据混凝土密实度的检测数据，提出可行的混凝土浇筑方法及振捣方法。

（7）记录施工过程中存在的问题和工作难点，总结方法，完善叠合板施工技术。

4）叠合板节点

首先吊装叠合板，其次铺设板底后浇区域和板面钢筋，然后铺设管线，最后完成浇筑。

图5-15,图5-16,图5-17,图5-18分别展示了叠合板的节点、尺寸、模型效果及截面。

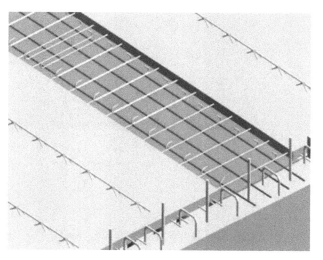

图5-15　叠合板节点示意图

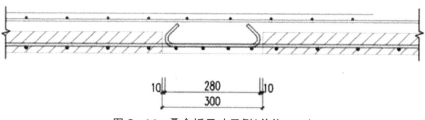

图5-16　叠合板尺寸示例(单位:mm)

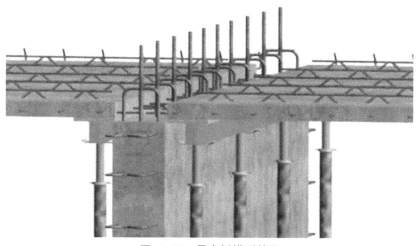

图5-17　叠合板模型效果

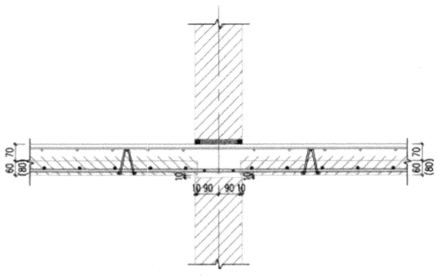

图 5 - 18　叠合板截面示例(单位:mm)

5) 安装外墙板

在进行外墙板装配之前,应将其所需灌浆料、灌浆筒、调整斜撑等材料、工具准备妥当,同时在楼面上精确标注墙板轴线、墙板轮廓线以及钢筋位置线,并将连接部分清理干净。为了防止墙板吊装装配时发生碰撞损坏,在吊装过程中应减缓吊装速度,在墙板将要接近层面时(相距 600 mm),工人应用溜绳拉住墙板使其缓慢下降。通过顶板的预留钢筋以及预制墙板预留的套筒进行定位,定位准确后缓缓下降墙板,并使墙板下端与楼面之间预留 20 mm 的空间以便后期接缝灌浆。在墙板下端四角部位放置垫片以便调整墙板平整度。安装完毕之后使用斜撑对墙板的垂直度进行调整。最后对连接部位进行湿润处理后注入无收缩砂浆进行灌浆养护。外墙板安装如图 5 - 19 所示。

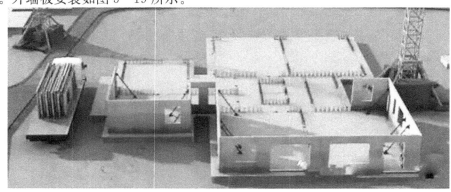

图 5 - 19　外墙板安装示意图

6）墙板连接件安装、板缝处理

如图5-20所示。

图5-20 墙板连接件安装示意图

7）叠合梁安装

如图5-21所示。

图5-21 叠合梁安装示意图

8）内墙板安装

如图5-22所示。

图 5 - 22 内墙板安装示意图

9）柱、剪力墙钢筋

在柱距离层面将近 200 mm 时停止下降，工人对连接套筒位置及层面预留钢筋位置进行准确对准，对准之后缓慢降落柱。柱吊装完毕之后，需要通过在柱面安装斜撑对柱垂直度进行调整。在垂直度等满足要求之后通过续接器在连接部位注入无收缩砂浆进行处理。

（1）一字形节点

首先安装预制剪力墙，其次安装水平箍筋，然后安装纵向钢筋，最后合模浇筑。一字形节点如图 5 - 23 所示。

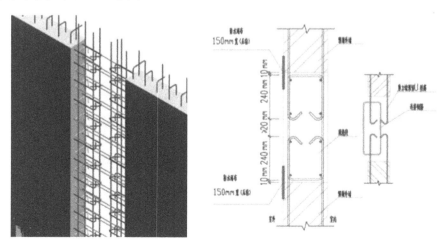

图 5 - 23 一字形节点示意图

（2）L形和T形连接节点

首先安装预制剪力墙，其次安装垂直方向的水平箍筋，然后安装纵向钢筋，最后合模浇筑。图5-24,图5-25,图5-26分别展示了L形节点,T形节点示意图及节点模型图。

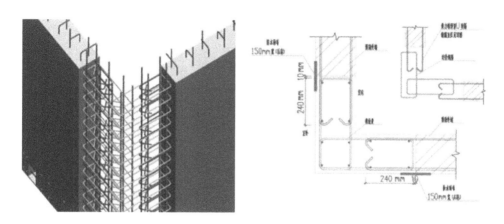

图5-24　L形节点示意图

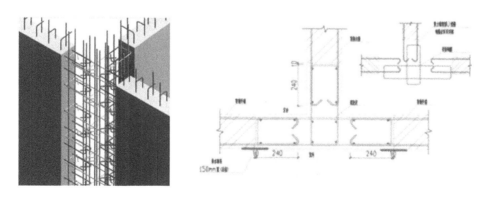

图5-25　T形节点示意图

图 5 - 26　L 形和 T 形节点模型图

10）电梯井道内模板安装

如图 5 - 27 所示。

图 5 - 27　电梯井道内模板安装示意图

11）剪力墙、柱模板安装

如图 5-28 所示。

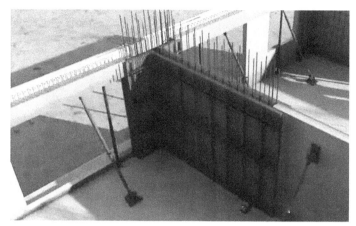

图 5-28　剪力墙、柱模板安装示意图

12）墙柱模板拆除、楼板支撑搭设、叠合式楼板安装

如图 5-29 所示。

图 5-29　墙柱模板拆除、楼板支撑搭设、叠合式楼板安装示意图

13）吊装楼梯梯段

在进行楼梯装配之前,应将其所需材料、工具准备妥当,对其预埋件的位置进行核对,并将连接部分清理干净,同时需画出楼梯安装位置的控制线。为防止碰撞损坏,吊装过程应缓慢进行,在构件距离楼层面 500 mm 处停顿,调整楼梯方向并将其扶正。由于楼梯尺寸较大,为了避免吊装过程中对楼梯造成挤压损坏,应使用吊装梁对其进行吊装,并保证与楼梯连接的钢丝绳竖直。校正之后,将预埋件进行焊接固定,并对楼梯与楼梯梁的连接部位进行灌浆养护。吊装楼梯梯段如图 5-30 所示。

图 5 - 30　吊装楼梯梯段示意图

14）工作面安全防护措施

如图 5 - 31 所示。

图 5 - 31　工作面安全防护措施示意图

15）楼板拼缝处抗裂钢筋安装

如图 5 - 32 所示。

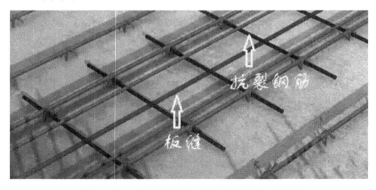

图 5 - 32　楼板拼缝处抗裂钢筋安装示意图

16）楼板内预埋管线安装、面层钢筋绑扎

如图5-33所示。

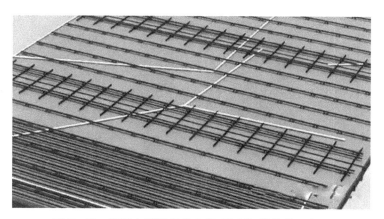

图 5-33　楼板内预埋管线安装、面层钢筋绑扎示意图

17）楼板混凝土浇筑

如图5-34所示。

图 5-34　楼板混凝土浇筑示意图

18）进入上一层结构施工，拆除栏杆，吊装外墙板

如图5-35所示。

图 5 - 35　吊装外墙板示意图

5.1.3　注意事项

（1）转换层钢筋定位不准确

在施工转换层时，需准确定位现浇层墙柱伸出的钢筋。由于预制墙、柱的连接套筒孔径较小，因此对钢筋定位的精度要求较高。如出现偏位，预制墙、柱将无法安装。

除此之外，还应严格控制钢筋外露长度。要求 PC 施工班组制作钢筋定位板，定位板应焊接牢固。定位板安装完成后应派专职人员逐块复查，复查无误后方可浇筑转换层混凝土。

（2）外墙渗漏水

预制外墙板的接缝处是防水薄弱部位。当预制外墙板接缝采用构造防水时，水平缝宜采用外低内高的高低缝或企口缝，竖缝宜采用双直槽缝，并在预制外墙板一字缝部位每隔 3 层设置排水管引水外流。当预制外墙板接缝采用材料防水时，应采用防水性能、相容性、耐候性能和耐老化性能优良的硅酮防水密封胶作嵌缝材料。板缝宽不宜大于 20 mm，嵌缝深度应不小于 20 mm。

（3）构件碰撞

安装构件时，应缓慢下落，不得碰撞已安装好的钢屋架等钢构件。

（4）涂层损坏

吊装损坏的涂层应补涂，以保证漆膜厚度符合规定的要求。

5.1.4　成果提交

图 5 - 36　成果提交示意图

5.2　装配式建筑施工碰撞

5.2.1　应用概述

（1）价值体现

在基于 BIM 的装配式结构预拼装工作流程中,建立 BIM 模型是重点,而整个工作流程的最核心部分是碰撞检查。碰撞按检查类型可分为硬碰撞和软碰撞,按碰撞时间关系可分为静态碰撞和动态碰撞,此外还有一种特殊情况是重叠碰撞。

通过针对 BIM 模型不同专业及本专业构件间的碰撞检查，可提前发现构件的重叠、冲突和不匹配等问题，以及在构件制作和施工过程中可能出现的问题，进而返回 BIM 模型进行交互式修改，最终实现无碰撞，以保证工程顺利进行。

（2）相关软件

Revit、Navisworks、相关平台。

5.2.2　具体内容

1）碰撞检查的分类模式

（1）专业间碰撞检查（图 5 - 37）。首先确定进行碰撞检查的两个专业，如暖通、给排水，然后先对这两个专业进行初步的碰撞检查，若两个专业之间的碰撞点数量较少，则可直接进行后续的碰撞点优化分组与反馈；若碰撞点数量较多，则需进一步细化分类，按照楼层逐层对两个专业进行碰撞检查，之后进行楼层间两个专业的碰撞检查。

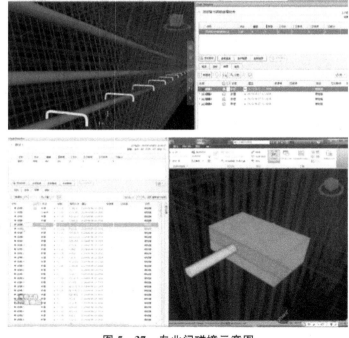

图 5 - 37　专业间碰撞示意图

（2）构件自身碰撞检查（图 5 - 38）。首先确定构件所包含的两类零件，如预制梁所包含的预埋件和预埋钢筋，然后按照构件型号逐类进行构件自身碰撞检查。

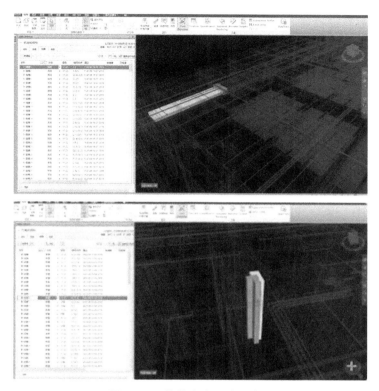

图 5 - 38　构件自身碰撞示意图

2）碰撞检查的实施步骤

结合上述讨论与分析,遵循碰撞检查的分类原则,得出装配式结构碰撞检查可分为以下几个实施步骤:

（1）BIM 模型的转化与组装

为提高模型的协调性和兼容性,利用 BIM 软件建模时通常采用通用制式,因此不同专业要利用各专业的辅助软件对核心模型进行转化,如图 5 - 39 所示。前期,BIM 核心模型创建时采用分专业建模模式,不同专业分别在中心文件中提取和上传文件,各专业只能对本专业的模型进行修改编辑,而对其他专业的模型只能采用只读模式查看,在模型转化完成后将模型组装起来才会得到整体模型。

土建模型　　　　钢筋模型

钢结构模型　　　机电模型

图 5 - 39　BIM 模型转化

（2）重叠碰撞检查

由于此碰撞形式发生的概率很小，因此可在其他碰撞检查之前一次性地对整个模型进行重叠碰撞检查。图 5-40 为基坑围护与结构碰撞检查示意图。

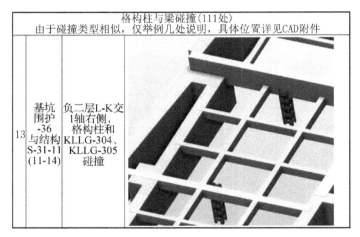

图 5-40　基坑围护与结构碰撞检查

（3）不同专业间的碰撞检查。国内对此种碰撞检查类型做了大量研究，主要集中在对水暖电专业与结构或者建筑专业间的碰撞检查，如图 5-41 所示。

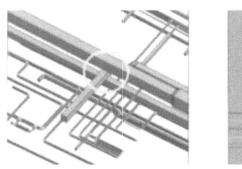

图 5-41　水暖电专业与结构间的碰撞检查

（4）本专业内的碰撞检查（图 5-42）。在装配式结构中，机电专业内的碰撞检查起着决定性作用，其碰撞检查主要集中在预制构件之间，具体包括预制构件与混凝土之间、预埋件之间、预埋件与预埋钢筋之间等。

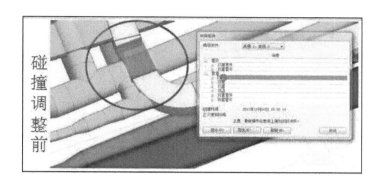

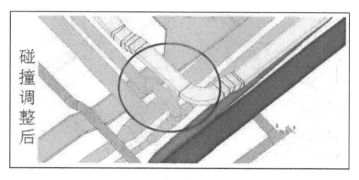

图 5-42　专业内的碰撞检查

　　（5）动态碰撞检查。动态碰撞相对于静态碰撞来说更加高级，因为其提高了一个维度，在碰撞检查中不仅要对三维模型进行检测，还要进行时间历程下模型中移动图元的检测。在装配式结构中，动态碰撞检查主要针对预制构件的吊装以及施工机械的合理布置。

　　（6）碰撞点的优化分组。碰撞点是碰撞检查分析结束之后输出的结果，虽然在碰撞分析中已对模型进行了分类，但输出结果中仍掺杂了一些无效碰撞点，因此需要按照一定的原则将有效碰撞点从输出结果中分离出来，并做好分组标记。所谓有效碰撞点，就是在装配式结构后期的施工吊装过程中真正影响到实际施工过程效率和质量的碰撞点，而对于某些碰撞点，虽然程序将其检出，但对实际工程造成的影响微乎其微，故可以忽略这些点。图 5-43 为管道优化前后示意图。

图 5 - 43 管道优化示意图

（7）提出修改意见并反馈到 BIM 核心模型。通过上述过程，分别对不同类型的碰撞点提出修改意见，并将其反馈到相关专业，进而对 BIM 核心模型进行修改。上述步骤是一个循环的动态过程，当经过数次对模型的调整不再出现有效碰撞点之后，则认为该模型即为最终模型，可以用作后期模型的深化处理。

将 Revit 模型导入 Navisworks 模型中，以 NWC（Navisworks Cache file）为中介文件，搭建起核心模型与辅助模型间的桥梁，以此来实现模型的转化。各专业 BIM 核心模型，分别是建筑模型、结构模型、机电模型、梁柱节点模型。完成模型的转化后，以此为基础通过选取点或者线的方式精确导入不同专业模型，实现不同专业模型的组合。

3）预制构件预拼装及吊装碰撞检查

预制构件的拼装是装配式建筑施工的核心施工环节，若未预先模拟预制构件的拼装过程，则将给现场施工环节带来预制构件拼装错位、钢筋避让困难、吊车频繁移位等诸多麻烦。通过 BIM 技术对预制梁、柱、叠合板、外挂板、阳台板、楼梯等预制构件按照先竖向构件后横向构件、先主体构件后局部构件、先大截面构件后小截面构件的规律进行拼装。将该工程的预制梁按截面高度分类，将统计得到的预制梁按照截面高度由大到小进行拼装。预制柱、叠合板、外挂板等预制构件按吊车及轴线就近原则拼装,通过 BIM 技术模拟,预期得到所有预制构件的拼装顺序,为吊装预制构件提供数据及理论依据,有效避免施工过程中的钢筋避让问题,提高吊装效率。碰撞原理为:首先设定预制构件及吊装机械的运动轨迹,通过 Navisworks 软件中的"抓举漫游"命令将轨迹与已有建筑模型进行碰撞分析,通过模拟得到可能出现的碰撞点,以此来实现吊装过程的优化。机电模型可分为通风空调、空调水、防排烟、给排水、强弱电及消防等系统,该工程借助 BIM 协同作业的方式分配给不同的 BIM 专业人员同步建造模型,通过各项系统和建筑结构模型之间的参考链接方式进行模型问题检查。

机电管线综合及调整优化原则:小管让大管、有压管让无压管、电气管在水管上方、风管尽量贴梁底、充分利用梁内空间、冷水管道避让热水管道、附件少的管道避让附件多的管道、给水管在上排水管在下等。同时也须注意有安装坡度要求的管路,通过对各种管道的修改消除碰撞点,调整完成之后对模型再一次检测,如有碰撞则继续进行修改,直至最终检测结果为"零"碰撞。图 5-44 为机电管线综合的示意图。

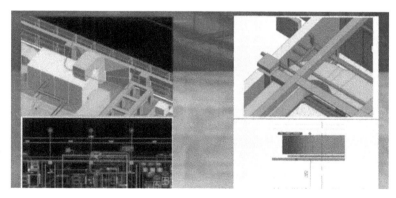

图 5-44 机电管线综合示意图

4)节点处钢筋碰撞检查

取一跨范围内的梁柱节点及梁墙节点,通过 BIM 技术对梁柱节点的中点三维坐标及梁墙节点的中点三维坐标进行拼装模拟,具体模拟情况如图 5-45 所示。

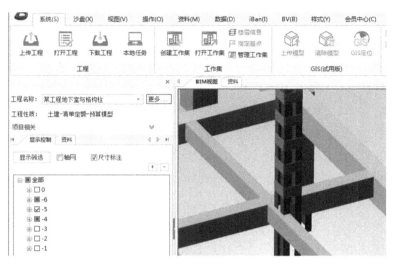

图 5-45 节点处钢筋碰撞检查示意图

5）预制梁柱节点碰撞检查

由于预制梁柱节点钢筋分布比较复杂，因此通过 BIM 技术模拟其节点的中点三维坐标，结果如图 5-46 所示。结果表明 LZ1 节点满足《装配式混凝土结构技术规程》(JGJ 1—2014)中安装误差允许值 0.005 m 的安装，其余节点的结果均大于安装误差允许值，因此其余 3 个节点不满足安装要求，需要调整三维坐标值。碰撞的主要原因是深化设计时没有处理好预制梁钢筋的分布。通过 BIM 模拟精确定位所有节点对应的预制梁、柱的钢筋分布位置，并实时反馈给深化设计人员，对钢筋的分布进行优化处理。

	表1 BIM 技术模拟预制梁柱节点的中点三维坐标										m
编号*	设计值			BIM 拼装后的实测值			误差值			误差	是否调整
	X	Y	Z	X	Y	Z	X	Y	Z		
LZ1	4.600	−18.962	314.359	4.597	−18.964	314.361	−0.003	0.002	0.002	0.004	否
LZ2	7.600	−18.962	314.359	7.584	−18.968	314.353	−0.016	0.006	−0.006	0.018	是
LZ3	7.600	−24.962	314.359	7.612	−24.956	314.364	0.012	−0.006	0.005	0.014	是
LZ4	4.600	−24.962	314.359	4.592	−24.968	314.368	−0.008	0.006	0.009	0.013	是

* LZ 编号代表梁柱节点

图 5-46 BIM 技术模拟预制梁柱节点的中点三维坐标

6）预制梁墙节点碰撞检查

工程中的预制墙板以无机保温材料（陶粒混凝土）作为内外隔墙的主要材料，底部通过预埋件连接，上部通过预埋在墙板上边缘的胡子筋与预制梁叠合部分现浇连接，因此墙体与预制的定位误差很容易造成预制梁墙节点不能顺利连接。修改预制梁墙节点三维坐标后将结果反馈给深化设计人员，将问题在现场吊装之前解决好。

5.2.3　注意事项

① 各相关方之间设计协同度低；

② 未有相应的碰撞问题复核措施；

③ 深化设计过程中信息的错漏；

④ 施工技术方案考虑欠缺；

⑤ 构件生产精度不够；

⑥ 施工水平欠缺。

5.2.4　成果提交

成果提交以最终碰撞检查报告和模型为宜，如图5-47，图5-48所示。

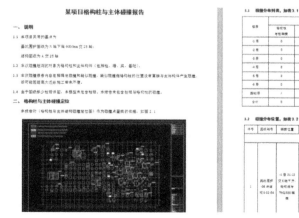

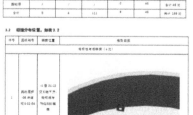

图5-47　报告

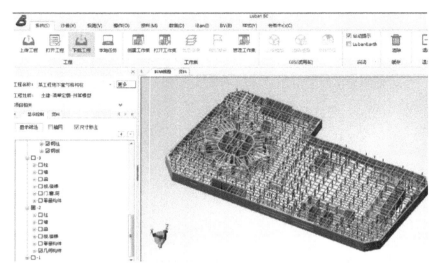

图 5-48　模型

5.3　施工过程中扫码工具及流程控制

5.3.1　应用概述

（1）价值体现

二维码具有储存量大、可追踪性高等特点，是信息化管理的重要手段。鲁班BE系统可自动生成构件二维码，通过扫描二维码，可查看构件信息、上传照片、查看并下载构件资料等，协助项目施工现场质量安全协同管理，提高现场信息化管理。

（2）相关软件

草料二维码、相关平台。

5.3.2　具体内容

（1）操作流程及思路

① 确定需要制作二维码的部位或者构件，选中目标位置构件右键选择"查看信息"。还可在信息窗自定义添加信息，如施工班组、施工时间、相关资料、实测信息等，如图 5-49 所示。

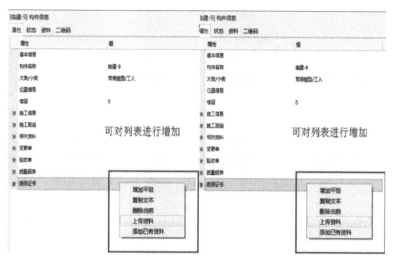

图 5-49　制作二维码的部位或者构件示意图

② 信息录入好之后，选择"二维码"选项，点击"导出"即可，如图 5-50 所示。

图 5-50　导出二维码

③ 导出的二维码为图片格式,可直接打印,也可在 Word 里面排版做成册,如图 5-51 所示。

图 5-51　二维码示意图

④ 将打印好的二维码粘贴到现场指定的位置,特别是巡检路线上、轴网交点处等,如图 5-52 所示。

图 5-52　二维码使用现场图

⑤ 用手机客户端扫描二维码可以查看工程构件信息,查看并定义施工工序状态,上传照片,查看并下载构件资料等,如图 5-53 所示。

图 5-53　二维码现场扫描图

⑥ 查看工程构件信息、查看并定义施工工序状态等,如图 5-54 所示。

图 5-54　二维码查看工程构件信息、查看并定义施工工序状态

119

⑦ 现场发现施工问题,可以扫描该构件二维码上传问题和拍照,还可以将该问题通过微信、QQ、短信发送给整改人进行整改,如图 5-55 所示。

图 5-55　扫描该构件二维码上传问题和拍照

(2) 具体操作步骤

二维码具体操作步骤如图 5-56 所示。

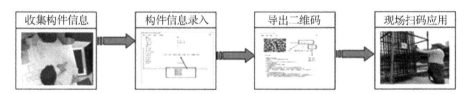

图 5-56　二维码操作流程

5.3.3　注意事项

① 构件信息需要与项目人员提前沟通并整理好。

② 二维码建议打印在一面带黏胶的热塑板上。

5.3.4　成果提交

成果提交以二维码手册、现场二维码标牌为宜。

第六章　装配式建筑数据档案管理

6.1　预制构件工厂的进度、质量及检测控制文件

6.1.1　应用概述

（1）价值体现

预制构件在 20 世纪 50～70 年代的建筑中被大量使用，目前又迎来新的发展机遇。PC 建筑在施工方面有诸多优点：构件在工厂预制，大幅降低现场工人劳作量，提高了效率；内檐楼板底模取消，外檐使用简易外三角挂架，节省了施工成本；门窗洞口尺寸偏差大幅度减小，质量更近完美；可以提高现场建成速度，调节供给；混凝土平整度提高，可以节省抹灰，降低建造成本；部分工人转移到了工厂生产，有利于现场文明施工和安全管理；减少现场建筑垃圾量。

（2）相关软件

Project。

6.1.2　具体内容

预制构件工厂的进度、质量及检测文件的内容主要包括构件生产进度、构件模具制作、构件生产与质量控制、构件质量检测交付。

1）构件进度计划的保障措施

对构件施工进度实施目标管理、目标分解，把目标落实到具体施工班组。实行生产任务书制度，将任务书下达到施工班组，以明确具体生产任务要求，并运用经济杠杆实行奖罚措施，促进施工班组按质按量地完成施工任务。如图 6-1 所示。

在工程进行过程中，根据工程实际进度结合施工方案合理有序地对人力资源、

机械、物资供应进行有效调配,以保证各施工节点如期完成。

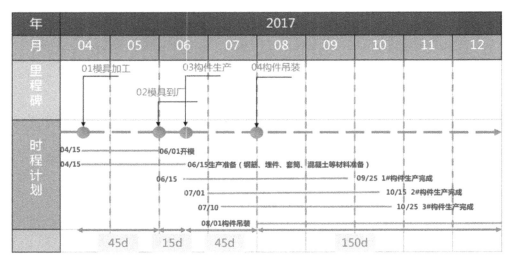

图 6-1 构件进度计划的保障措施

2)预制装配式构件的生产与质量控制

工厂生产时采用钢模具制作构件,钢筋加工成型后(或预应力筋张拉完成)等到钢模具安装完毕后再入模,并经隐蔽验收合格后方可浇筑混凝土。混凝土采用工厂自拌混凝土。浇注混凝土完毕后,根据设计要求对混凝土表面进行抹光或拉毛处理,然后静停 2～3 h 后进行蒸汽养护。生产过程中的模板清洁、钢筋加工成型、预应力筋的张拉和放张、预埋件的固定、混凝土施工及蒸汽养护、拆模搬运等工序均采用流水施工,每道工序都由固定的熟练工人进行操作。

3)模具制作与安装

(1)模具制作

① 模具几何尺寸偏差控制

根据构件形状,模具分为底模、内侧模、外侧模、吊模四个部分,这四部分均采用可拆、可调螺栓连接方式,具有足够的承载力和刚度,模板组装应定位准确,操作方便。

应确保模具的几何尺寸偏差允许值符合设计要求及相关规范、规程的要求。模具示意图及预制构件图纸如图 6-2,图 6-3 所示。

图 6 - 2　模具示意图

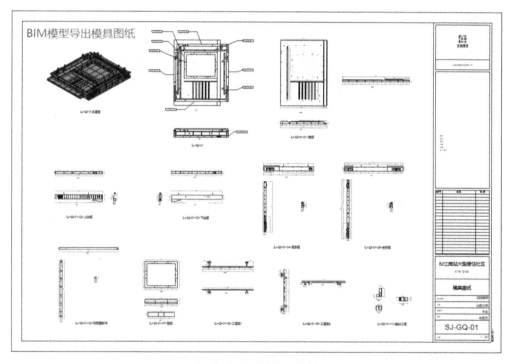

图 6 - 3　预制构件图纸

② 模具验收检测

模具经技术人员按图纸技术要求验收合格后,方可投入使用,其验收检测示意图如图 6 - 4 所示。

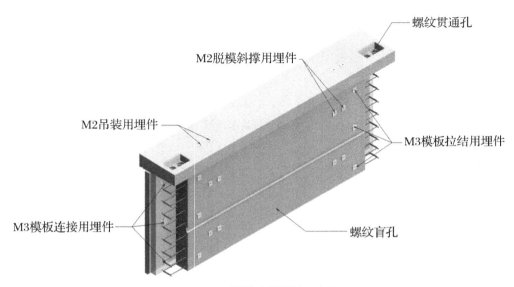

图 6-4 模具验收检测示意图

③ 安装固定

钢模进厂后,根据工艺布置图放置到指定位置上进行组装。

(2)模具组装、拆卸

① 模具组装

模具组装应先内后外、先底后面按吊模顺序组装,如图 6-5 所示。组模前必须认真清理模具的大面及边角,清洁后的模具内部及表面任何部位不得有积残物。

与混凝土接触的模具面清理后须涂布脱模剂,可用喷雾器喷涂或用抹布抹涂,脱模剂涂布应均匀无遗漏,不得出现流淌现象。

模板之间的缝隙需要用双面封胶粘贴,防止漏浆。

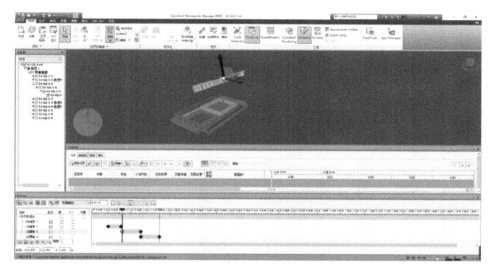

图6-5 模具组装示意图

② 模具拆卸

模具拆卸,先拆吊模,再按先外后内、先面后底的顺序拆卸。模具拆卸时不得用锤敲击或硬撬,以免造成模具变形损坏。

4)钢筋加工制作、成型、入模

(1)一般要求

① 钢筋的规格、型号应符合图纸设计要求。

② 钢筋表面应没有泥浆、油渍、油漆、氧化皮、油脂或可能对钢筋和混凝土起不良化学反应或降低粘接性能的其他物质,钢筋表面必须清理干净,否则不得浇入混凝土。

(2)钢筋配料

① 批量断料前,根据图纸绘制出配筋单。配筋单要标明钢筋规格、材料长度、外形尺寸及数量,先制作小样,确认无误后,才能进行批量断料。

② 待断钢筋应平直、无局部弯曲,盘条钢筋需经调直处理。

a. 断料备料时应按配料单进行,根据原材料长度及待断钢筋的长度和数量,长短搭配,统筹排料,先长后短,降低损耗,主筋下料长度允许误差为±10 mm。

b. 在断料过程中,如发现钢筋有劈裂、缩头或严重弯头等必须切除;如发现钢筋的硬度与该钢种有较大的出入时,应及时向有关人员反映,查明情况。

c. 切断机刀片应安装牢固,刀口要密合,钢筋的断口不得有马蹄形或弯起现象。

d. 断好的钢筋按规格、长度存放在有标识的专用搁置架上备用。

图 6-6 为钢筋配料示意图。

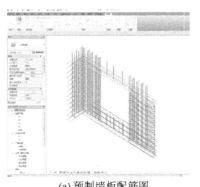

(a) 预制墙板配筋图

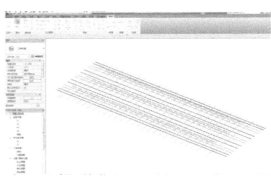

(b) 预制楼板配筋图

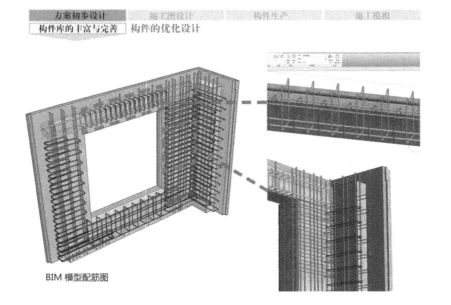

BIM 模型配筋图

(c) BIM模型配筋图

图 6-6　配筋示意图

（3）钢筋加工

受力钢筋的弯钩和弯折应符合规范规定，弯钩的弯后平直部分长度应符合图纸要求，弯曲后表面不得有裂纹。

（4）钢筋骨架、钢筋网片应满足构件设计制作图要求，宜采用专用钢筋定位件，图6-7为钢筋模型示意图。入模应符合下列要求：

① 钢筋骨架入模时应平直、无损伤，表面不得有油污、锈蚀。

② 钢筋骨架尺寸应准确，骨架吊装时应采用多吊点的专用吊架，以防止骨架变形。

③ 保护层垫块宜采用塑料类垫块，且应与钢筋骨架、钢筋网片绑扎牢固，垫块按梅花状布置，间距应满足钢筋限位及控制变形要求。

④ 应按构件设计制作图安装钢筋连接套筒、拉结件、预埋件等。

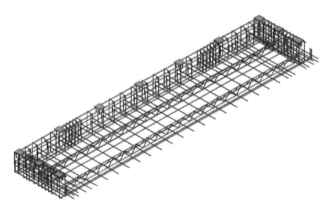

图6-7　钢筋模型示意图

（5）钢筋骨架、钢筋网片入模后，应按构件设计制作图要求对钢筋位置、规格、间距、保护层厚度等进行检查，允许偏差及检验方法应符合规范规定。

5）预埋件安装

连接套筒、预埋件、拉结件、预留孔洞应按构件设计制作图进行配置，以满足吊装、施工的安全性、耐久性和稳定性要求。

6）混凝土制备

（1）配合比设计

① 一般要求

a. 预制构件混凝土强度参照图纸。

b. 混凝土配合比应通过计算和试配确定，在确定混凝土施工配合比时，应综合考虑水灰比、胶凝材料总量、掺合料比例和砂率等因素对混凝土强度、耐久性、外观质量和拌合料的和易性以及经济性的影响。混凝土抗压强度等级应符合图纸设计的规定,坍落度应满足施工技术要求。

c. 在施工过程中,混凝土配合比应根据混凝土质量的动态信息以及气候的变化及时调整,除此以外每天试验人员应根据砂、石含水率情况对施工配合比进行微量调整。

d. 在原材料供应厂商有变化的情况下,应重新进行混凝土试配、优选,及时调整施工配合比。

② 设备技术要求

a. 搅拌机控制程序应有自动和手动两种方式,并有数据管理和数据输出打印功能。

b. 搅拌机整机性能应保持良好运行状态,称量精度应符合混凝土技术规程的规定,定期进行检修、调整,并按规定周期校核称量系统。

③ 混凝土拌制

a. 严格按照配合比通知单配料,不得擅自调整,拌制过程中应注意观测混凝土搅拌质量,发现问题及时通知质检员查找原因。

b. 充分搅拌能使材料完全混合均匀,得到和易性好的混凝土,一般搅拌时间为 120 min,冬季施工时可根据实际情况适当延长搅拌时间。

c. 在每次实际拌合混凝土前,需测量集料的含水量,并在用水量中予以扣除,提出供实际使用的施工配合比,同时还需根据变化加强过程监测,随时调整施工配合比。

d. 混凝土从搅拌机卸出到浇注完毕,延续时间不宜超过规定。

(2)坍落度检测

第一盘料须做坍落度检测,坍落度应控制在(70±10) mm 范围内,且坍落度应能满足设计配合比的要求。观察混凝土的黏聚性、保水性,不允许有离析现象。不合格的混凝土不得入模。调整配合比后或检验出现不合格时,应增加检测频次。

每班次做抗压强度检验的混凝土试件不得少于 3 组,1 组与构件同条件养护,作为脱模强度检验,2 组送标养室标养,作为 28 天强度检测。

(3)混凝土浇筑

① 混凝土浇筑前须进行模具拼装、隐蔽工程查验,查验内容包括模具拼装精度、保护层厚度、埋件位置等,并做好检查记录,确认无误后方可浇捣混凝土。

② 混凝土初浇前,须检验混凝土工作度和和坍落度是否满足技术要求,合格后方可施工。

③ 混凝土必须振捣密实,振至混凝土与钢模接触处不再有喷射状气、水泡,表面泛浆为止。

④ 采用振动棒操作时要做到"快插慢拔",每点振捣时间一般以 10～20 s 为宜,还要防止混凝土发生分层、离析现象和产生孔洞。振动棒插点要均匀排列,每次移动间距不应大于振动棒作用半径的 1.5 倍,一般振动棒作用半径为 30～40 cm,振捣应确保混凝土密实无漏振。振动棒应尽量避免碰撞模板、钢筋、埋件等。

⑤ 混凝土浇捣结束后,应适时对上表面进行抹面、收光作业,作业分粗刮平、细抹面两个阶段来完成。为消除收缩裂纹,收水抹面时严禁洒水及水泥,收光时应根据气温情况,掌握好混凝土凝结时间,应保证在初凝前完成,作业完成后应及时将钢模上表面及模具周边清理干净。

⑥ 叠合粗糙面的面积不宜小于结合面的 80%,预制板的粗糙面凹凸深度不应小于 4 mm,预制梁端、预制柱端、预制墙端的粗糙面凹凸深度不应小于 6 mm。

（4）带模养护

完成收光作业后应及时在混凝土表面罩上养护罩进行养护,以防止表面失水产生龟裂。冬季施工要有防冻措施。

采用蒸汽养护时,应注意以下事项:

① 为保证构件在养护覆盖物内得到均匀的温度,应设置适量的蒸汽输入点。

② 蒸汽养护过程中,不允许蒸汽射流冲击构件、试件或模具的任何部位,不允许蒸汽管道与模具接触,以免造成构件局部过热开裂。

③ 采用养护罩养护时,为保证养护罩内温度均衡,罩的顶部及四周离钢模表面应有 15～20 cm 的距离,以使蒸汽在罩内循环流通。

④ 蒸汽养护恒温范围为 55～65 ℃,一般情况下以实际试验为准,温度控制应符合规定。

⑤ 升温阶段温度应匀速增加到预期温度,任何一个 15 min 周期内的温升应<4 ℃。

⑥ 蒸汽养护期间应一直保持供应蒸汽,直至达到预先确定的最高温度。然后削减蒸汽量并保持这个温度值至规定养护时间段结束。

⑦ 采用人工控制时,须有专人巡回观测各养护罩内温度,适时调整供气流量,使罩内温度保持在规定的温控范围内,并做好测温记录以备查核。

7）起吊脱模、标识

① 待养护到一定时间,检测同条件养护的试块强度,试块强度达到设计强度的 75% 时,由质检员发出脱模通知后方可起吊脱模。

② 起吊须使用有足够刚度的吊具,保证吊点垂直、平稳,严禁硬撬、斜拉,造成构件损坏。构件脱模后应及时加以标识,注明产品型号、生产日期;标识位置在构件的显著位置。

8）构件成品验收

① 叠合板、楼梯板、阳台板、空调板成品验收。

② 预制柱、预制梁成品验收,包括外观质量和尺寸偏差应符合规定。

9）产品出厂验收

（1）出厂检验项目

包括外观、尺寸偏差、混凝土抗压强度、钢筋保护层厚度、混凝土强度等。

（2）缺陷修补

构件出厂前应检验构件是否符合出厂要求,有缺陷的应及时修补,经检验合格后加盖合格品章。混凝土表面应平整,无缺棱、掉角、露筋、麻面、孔洞和裂缝等缺陷,有一般缺陷的应及时按要求修补,存在严重缺陷不能修补的应予报废处理。

6.2 施工现场的进度、质量及检测控制文件

6.2.1 应用概述

（1）价值体现

BIM 技术的作用是能够模拟设计、运营以及建造等多个阶段,进而预知整个施工阶段很有可能出现的情况,使工程进度得到了大幅度提升。

基于 BIM 技术的建筑信息模型,能够在项目开始前实现装配式建筑施工方案的模拟分析,找出设计中存在的质量问题并且及时修改。

（2）相关软件

Revit,Project,P6。

6.2.2 具体内容

施工现场的进度、质量及检测控制文件的主要内容包括信息采集、项目建模完

善构件信息、施工现场材料质量与模型信息匹配、施工实际进度与计划进度对比。

操作流程及思路

① 楼层弹线,并测量水平标高,根据 PC 板编号于楼面对号入座,塔吊采用顺时针方式运行。

② 根据配模施工流程,分别进行剪力墙、梁支模、楼面模板和叠合阳台板排架等的配模设计工作。

③ 起吊设施施工如图 6-8 所示。

图 6-8　起吊设施施工示意图

④ 外墙板

预制夹心保温式女儿墙如图 6-9 所示。

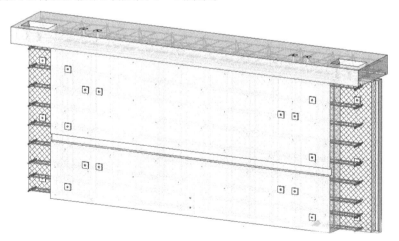

图 6-9　预制夹心保温式女儿墙示意图

⑤ 叠合预制阳台板

如图 6-10 所示。

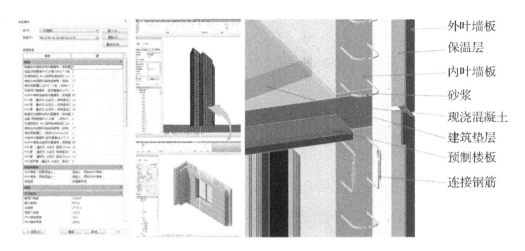

外叶墙板
保温层
内叶墙板
砂浆
现浇混凝土
建筑垫层
预制楼板
连接钢筋

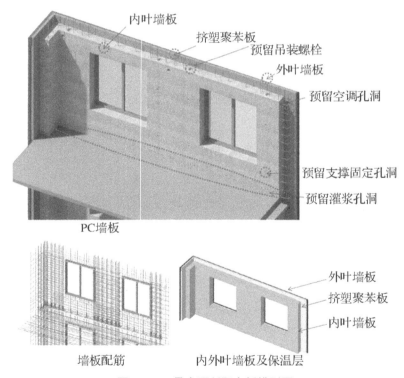

内叶墙板
挤塑聚苯板
预留吊装螺栓
外叶墙板
预留空调孔洞
预留支撑固定孔洞
预留灌浆孔洞

PC墙板

墙板配筋

外叶墙板
挤塑聚苯板
内叶墙板

内外叶墙板及保温层

图 6-10 叠合预制阳台板模型图

⑥ 预制楼梯

⑦ 灌浆施工

如图 6-11 所示。

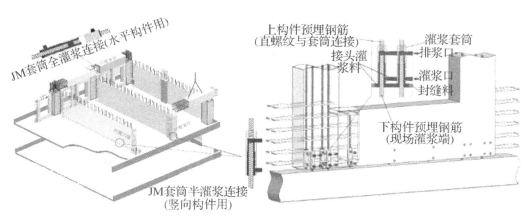

图 6－11　灌浆施工示意图

6.3　装配式信息管理平台

6.3.1　装配式信息化管理系统简介

在建设工程项目策划与规划、勘察与设计、施工、监理、运行与维护、改造与拆除各阶段中的一个或多个阶段，均可运用信息管理系统平台进行数据档案的管理工作。数据档案管理应该覆盖工程项目全过程。

BIM 应用方通常主要包括建设单位、设计单位、招标代理、监理单位、施工单位、咨询单位，以及项目使用者、物业运维管理等单位。相关各方宜基于统一的管理系统，建立协同应用工作规定，保证施工模型中需共享的数据在施工各环节之间正确高效地传递和应用。

6.3.2　装配式信息管理平台工作实施模式

装配式信息管理平台应用工作由建设单位、咨询单位、设计单位、监理单位、施工单位、生产单位及其他项目参建单位组成的团队实施。管理系统平台应用工作实施模式主要有建设单位主导的协同应用模式、咨询单位主导的协同应用模式、设计单位主导的协同应用模式、施工单位主导的协同应用模式。装配式建筑信息管理平台应用工作宜采用建设单位主导的应用模式。

6.3.3 管理系统应用工作成果及数据要求

装配式建筑信息管理平台应用工作形成的成果应能满足工程项目管理的需求。项目参建单位在应用工作中应根据不同阶段和协同应用工作内容,按要求提供正确格式的工作数据成果。装配式建筑信息管理平台包含的信息种类如表 6-1 所示:

表 6-1 装配式建筑信息管理平台信息种类

序号	工作成果种类	工作成果要求
1	电子文档	与项目系统平台应用相关的各种工程资料或成果,包括各种问题的沟通记录、工作报告、成果文件等
2	视频文件	与项目管理应用相关的各种视频文件,包括与 BIM 模型应用相关的成果性展示视频、现场管理问题反馈视频、隐蔽工程记录视频等
3	模型文件	模型文件应满足不同阶段的所需模型级别的要求,格式应满足协同应用平台的要求
4	设计图纸	与项目协同应用相关的设计图纸成果文件,其格式应满足应用平台的要求
5	其他文件	项目管理中生成的成果文件

6.3.4 装配式信息管理平台部署

装配式信息管理平台应由 BIM 协同应用工作主导单位牵头部署。部署装配式信息管理平台应注意下列事项:

① 部署 BIM 协同应用平台时,部署方应根据自身项目需求确定平台基本功能和平台技术条件。

② 部署 BIM 协同应用平台时,应明确 BIM 协同应用平台部署方式及平台运行维护方式。

③ 部署 BIM 协同应用平台时,应明确 BIM 协同应用平台信息安全的保护措施。

④ 针对租赁方式的 BIM 协同应用平台,应采用书面形式明确平台租赁服务的内容及期限等条款。

6.3.5　装配式信息管理平台功能要求

装配式信息管理平台应具备以下的功能要求：

① 模型完整性：信息管理平台应确保模型构件和信息完整；

② 数据延续性：信息管理平台应具备数据延续性，以确保不同阶段的数据完整连贯；

③ 数据集成性：信息管理平台应具备信息整合能力，包括模型的信息集成、管理资料流程的集成、开放接口与第三方系统的集成；

④ 协同沟通性：信息管理平台应支持基于模型的协同沟通，可利用 BIM 模型沟通问题，形成成果；

⑤ 产品易用性：信息管理平台应能满足项目各参与方在不同使用场景下的应用，支持灵活定制，且平台操作简单易用；

⑥ 安全保障性：信息管理平台应能赋予、修改或取消不同使用者的信息管理使用权限；

⑦ 功能扩展性：信息管理平台应能根据不同的参与方、不同项目管理的特点，扩展、定制相关管理模块，具备数据开放接口，具备一定的二次开发功能；

⑧ 多种应用模式：信息管理平台应根据使用场景及用途，具备网页端、桌面端及移动端等多种终端应用模式。

6.3.6　装配式建筑信息模型的构成

混凝土预制装配式建筑构件的信息模型主要由空间模型与构件信息两部分构成。

（1）空间模型

① 预制构件外形；

② 预制构件预埋件；

③ 预制构件钢筋。

（2）构件信息

① 构件基本信息：构件类型、名称、编号信息等；

② 构件材质信息：构件材料名称、规格、钢筋等；

③ 构件生产信息：构件厂家、质检等；

④ 构件施工信息：施工单位、安装编号等。

6.3.7 装配式建筑信息模型的交付

（1）交付原则

建筑工程各参与方应根据各个阶段要求和应用需求，从各阶段建筑信息模型中提取所需的信息形成交付物。所提交的模型应该遵守以下规定：

① 所有文件必须按照装配式建筑信息模型标准进行命名；

② 确保导入的 CAD 对象应删除；

③ 若各专业之间采用链接模型，则必须采用"相对路径"；

④ 提交的最终模型应确保能进行"Purge"命令，以清除所有未使用项；

⑤ 提交的模型应符合装配式建筑信息模型标准的命名、着色、创建规则；

⑥ 提交的总体模型如较大，可保持文件格式为 NWF 和 NWD。

建筑信息模型主要交付物的代码及类别应符合表 6-2 的规定。

表 6-2　交付物的代码及类别

代码	交付物的类别	备注
D1	建筑信息模型	可独立交付
D2	属性信息表	宜与 D1 类共同交付
D3	工程图纸	可独立交付
D4	项目需求书	宜与 D1 类共同交付
D5	建筑信息模型执行计划	宜与 D1 类共同交付
D6	模型工程量清单	宜与 D1 或 D3 类共同交付

（2）交付成果

① 建筑信息模型

a. 建筑信息模型应包含各阶段交付所需的全部信息。

b. 建筑信息模型应基于不同阶段模型进行信息交换和迭代，并应将阶段交付物存档管理。

c. 建筑信息模型可索引其他类别的交付物。交付时，应一同交付，并应确保索引路径有效。

d. 建筑信息模型的表达方式宜包括模型视图、表格、文档、图像、点云、多媒体及网页，各种表达方式间应具有关联访问关系。

e. 交付和应用建筑信息模型时，宜集中管理并设置数据访问权限。

② 属性信息表

a. 项目级、功能级或构件级模型单元应分别制定属性信息表。

b. 属性信息表电子文件的名称可由表格编号、模型单元名称、表格生成时间、数据格式、描述依次组成,由半角下划线"_"隔开,字段内部的词组宜由半角连字符"—"隔开。

c. 属性信息表内容应包含下列内容:

• 版本相关信息;

• 模型单元基本信息;

• 模型单元属性信息。

③ 工程图纸

a. 工程图纸应基于建筑信息模型的视图和表格加工而成。

b. 电子工程图纸文件可索引其他交付物。交付时,应一同交付,并应确保索引路径有效。

c. 工程图纸的制图应符合国家标准《房屋建筑制图统一标准》(GB/T 50001—2017)的相关规定。

④ 项目需求书

建筑信息模型建立之前,宜制定项目需求书。项目需求书应包含下列内容:

a. 项目计划概要,至少包含项目地点、规模、类型,项目坐标和高程;

b. 项目建筑信息模型的应用需求;

c. 项目参与方协同方式、数据存储和访问方式、数据访问权限;

d. 交付物类别和交付方式;

e. 建筑信息模型的权属。

⑤ 建筑信息模型执行计划

根据项目需求书,应制定建筑信息模型执行计划。建筑信息模型执行计划应包含下列内容:

a. 项目简述,包含项目名称、项目简称、项目代码、项目类型、规模、应用需求等信息;

b. 项目中涉及的建筑信息模型属性信息命名、分类和编码,以及所采用的标准名称和版本;

c. 建筑信息模型的模型精细度说明,当不同的模型单元具备不同的建模精细度要求时,分项列出模型精细度;

d. 模型单元的几何表达精度和信息深度;

e. 交付物类别;

f. 软硬件工作环境,简要说明文件组织方式;

g. 项目的基础资源配置、人力资源配置;

h. 非相关标准规定的自定义的内容。

⑥ 模型工程量清单

模型工程量清单应基于建筑信息模型导出。模型工程量清单应包含下列内容:

a. 项目简述;

b. 模型工程量清单应用目的;

c. 模型单元工程量及编码。

6.4 装配式建筑信息模型的构成与交付

6.4.1 应用概述

(1) 价值体现

贯彻落实住房和城乡建设部《关于推进建筑信息模型应用的指导意见》和《省住房城乡建设厅关于印发〈2016 年度江苏省工程建设标准和标准设计编制、修订计划〉的通知》的要求,促进 BIM 技术在工程项目中的全面推广和深度引用。

(2) 相关软件

Revit,相关平台。

6.4.2 具体内容

装配式建筑信息模型的构成与交付的具体内容包括:信息采集、模型建立、实时信息与模型联动、各节点模型交付。

操作流程及思路

① 图纸收集,通过二维的 CAD 图纸建立三维模型,在进行三维模型建模的同时录入相关构件的信息,装配式建筑信息模型如图 6 - 12 所示。

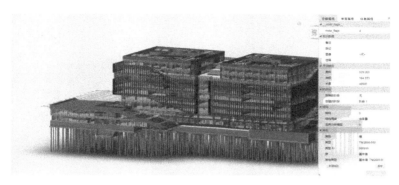

图 6 - 12　装配式建筑信息模型示意图

② 随工程项目的进展,施工现场的图片文字信息可以与模型挂接,如图 6 - 13 所示。

图 6 - 13　施工现场的图片文字信息与模型挂接示意图

③ 将工程进度与模型挂接,其示意图和效果图如图 6 - 14,图 6 - 15 所示。

图 6 - 14　工程进度与模型挂接示意图

图 6-15　工程进度与模型挂接效果图

④ 在项目进行过程中,将所有资料与模型进行联动,其效果图和示例如图 6-16,图 6-17 所示。

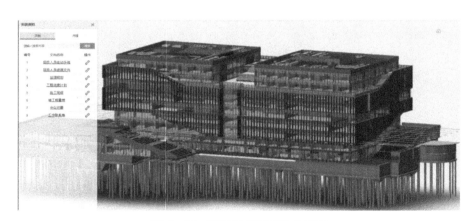

图 6-16　资料与模型联动效果图

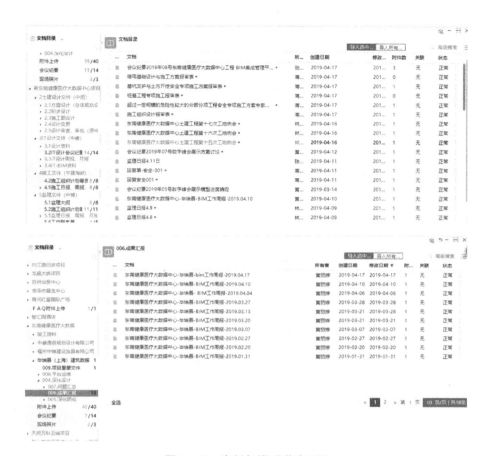

图 6-17 资料与模型联动示例

6.4.3 注意事项

在项目实施的全过程中,需要实时地将项目信息与模型相挂接。

6.4.4 成果提交

成果提交以交付模型(进度完成)为宜。

第七章　　Revit 基本操作应用

7.1　Revit 软件基本介绍

Autodesk Revit 软件是专为建筑信息模型而构建的软件。BIM 是以从设计、施工到运营的协调、可靠的项目信息为基础而构建的集成流程。通过采用 BIM,建筑公司可以在整个流程中使用一致的信息来设计和绘制创新项目,并且还可以通过精确实现建筑外观的可视化来支持更好的沟通,模拟真实性能以便让项目各方了解成本、工期与环境影响。

Autodesk Revit 软件能够帮助在项目设计流程前期探究最新颖的设计概念和外观,并能在整个施工文档中如实传达使用者的设计理念。Autodesk Revit 软件支持可持续设计、碰撞检测、施工规划和建造,同时还可帮助使用者与工程师、承包商以及业主更好地沟通协作。设计过程中的所有变更都会在相关设计与文档中自动更新,以使流程更加协调一致,获得更加可靠的设计文档。

7.2　标高与轴网

7.2.1　创建标高

① 打开 Revit 软件,双击项目浏览器界面"立面(建筑立面)"中"东"立面,如图 7 - 1 所示,右侧绘图区域就会切换成"东立面"视图。

图 7 - 1　项目浏览器界面

由于"东立面"视图中标高符号与国标不符,因此在"插入"选项卡下点击"载入族",在"/Autodesk/RVT 2017/Libraries/China/注释/符号/建筑"下选中"标高标头_上. rfa""标高标头_下. rfa",点击"打开",如图 7 - 2 所示。选中"标高 1",点击"编辑类型",选择"符号"中的"标高标头_上",然后点击"应用",如图 7 - 3 所示,将标高标头切换成国内常用标高符号。

图 7 - 2　插入族界面

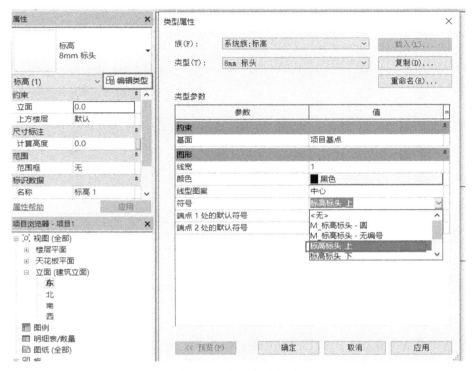

图 7-3 切换标高标头

② 将"标高 2"标高"4 000.0"修改为"2 190.0";在"建筑"选项卡下点击"标高",在"标高 2"左侧上方输入"2 800",将鼠标向右平移至"标高 2"右侧标头位置,待出现与"室内地坪"和"标高 2"标头并齐的辅助线时,点击鼠标,完成绘制"标高 3"。

③ 选中"标高 3",点击"修改"选项卡中的复制,选中"标高 3"的左端点,鼠标向上移一些,键盘输入"2 800",点击鼠标,完成绘制"标高 4"。重复本步操作,绘制"标高 5""标高 6""标高 7""标高 8",其中"标高 4""标高 5""标高 6""标高 7"的间距均为 2 800 mm,仅"标高 7""标高 8"的间距为 3 200 mm。

④ 修改标高名称,点击"标高 1",将"标高 1"改名为"室内地坪";将"标高 2""标高 3""标高 4""标高 5""标高 6""标高 7""标高 8"改名为"F1""F2""F3""F4""F5""F6""屋顶标高",绘制效果如图 7-4 所示。

⑤ 在"建筑"选项卡下点击"标高",在"标高 2"左侧下方输入"150",将鼠标向右平移至"标高 2"右侧标头位置,待出现与"室内地坪"和"标高 2"标头并齐的辅助线时,点击鼠标,完成绘制"标高 9"。将"标高 9"更名为"室外地坪"。选中"室外地坪",点击"编辑类型",将名称修改为"室外地坪标高",如图 7-5 所示。将符号修

改为"标高标头_下",点击"应用"保存。

图 7 - 4　绘制标高

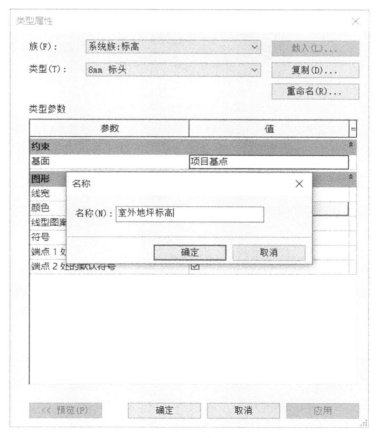

图 7 - 5　标高复制

7.2.2 绘制轴网

① 选择"视图"选项卡下的"平面视图"中的"楼层平面",在弹出的对话框中选中所有标高,点击"确定",添加 F3 至屋顶标高的楼层平面视图,如图 7-6 所示。

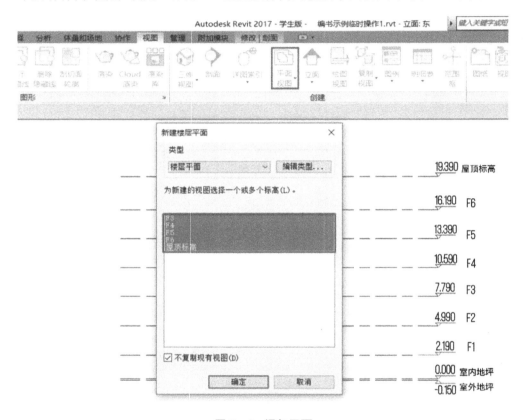

图 7-6 添加平面

② 双击项目浏览器界面"楼层平面"中"室内地坪"立面,右侧绘图区域就会切换成"楼层平面"视图。选择"建筑"选项卡下的"轴网"按钮,在绘图区左下方合理区域绘制第一条横轴,将横轴命名为"A",并勾选左侧小方块,使横轴左右两侧都出现横轴符号,如图 7-7 所示。可以根据需求隐藏轴网符号。可以使用复制操作,与标高复制操作类似,在此不做赘述。按照图 7-7 绘制所有横轴,其中 EF 轴线较为靠近,可以点击图 7-8 中圈中倾斜的"N",使轴网符号可以更改位置,点住随后出现圆圈,可以调整轴网符号位置。

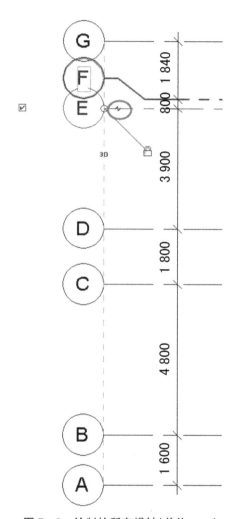

图 7－7　绘制横轴 A

图 7－8　绘制的所有横轴(单位:mm)

③ 选择"建筑"选项卡下的"轴网"按钮,在绘图区左侧合理区域绘制第一条纵轴,将纵轴命名为"1"。绘制"2"轴时可以如图 7－9 所示点住下方圆圈上下拖动,调整"2"纵轴长度。绘制的所有纵轴如图 7－10 所示。

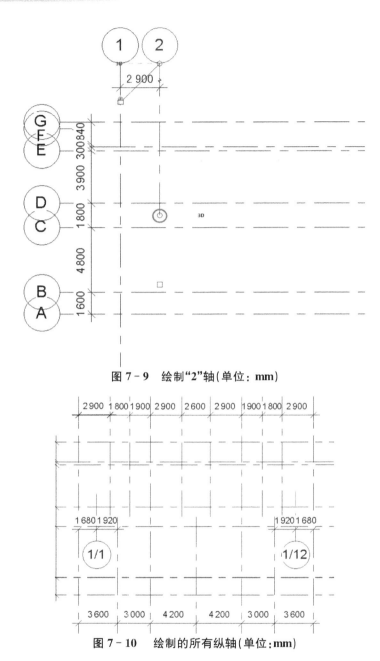

图 7 - 9   绘制"2"轴(单位: mm)

图 7 - 10   绘制的所有纵轴(单位:mm)

④ 框选所有轴网,在"轴网"选项卡下点击"影响范围"按钮,勾选所有楼层平面,点击确定,使轴网适用于所有楼层平面,如图 7 - 11 所示。

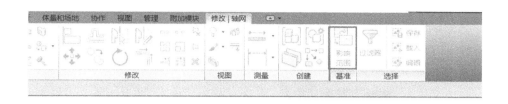

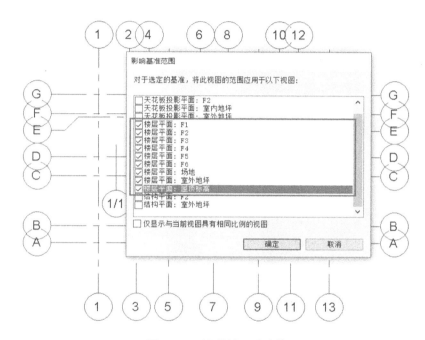

图7-11　调整轴网影响范围

7.3　绘制墙体

① 打开楼层视图"室内地坪",选择"建筑"选项卡—"构件"面板—"墙"下拉菜单"墙建筑",选择"编辑类型"。根据墙体要求,可以对不同类型的墙进行部件编辑。本案例对墙进行分类,分为别墅分户墙、别墅厨卫间墙、别墅室内内墙、别墅室内厨卫内墙、别墅室内外墙、别墅楼梯间内墙、别墅楼梯间外墙、别墅楼梯间水电箱内墙,如图7-12所示。以别墅室内外墙为例,如图7-13所示,编辑墙体结构,核心边界上层为外墙粉饰方案,核心边界下层为内墙粉饰方案。

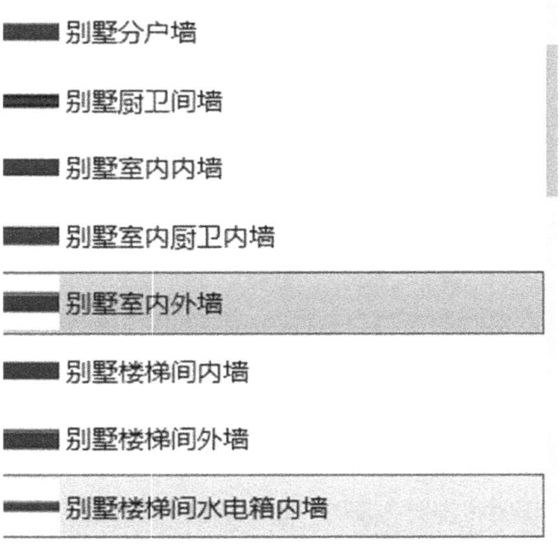

■■■別墅分户墙

■■■別墅厨卫间墙

■■■別墅室内内墙

■■■別墅室内厨卫内墙

■■■別墅室内外墙

■■■別墅楼梯间内墙

■■■別墅楼梯间外墙

■■■別墅楼梯间水电箱内墙

图 7 - 12　墙体分类

图 7 - 13　别墅室内外墙构造

②　选中"放置墙",因为本案例中墙体内外粉刷条件不同,所以绘制墙体时要注意墙体内外侧的朝向,如图 7-14 所示,将定位线改为核心层中心线,在左侧输入墙的标高与约束条件,选择直线绘制,根据施工图和先前制定的轴网,用直线绘制墙。绘制结果如图 7-15 所示。

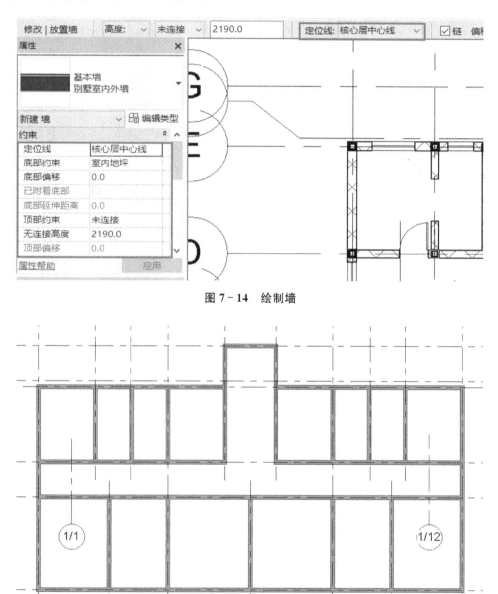

图 7-14　绘制墙

图 7-15　室内地坪墙体绘制

③ 打开楼层视图"F1",将墙高度设置为 2 800 mm,如图 7－16 所示,绘制 F1
楼层墙体,并框选所有墙体,点击"过滤器"按钮,选中墙体。如图 7－17 所示,先点
击"复制"按钮,然后选择"与选定的标高对齐",选择 F2 至 F6,最后点击"确定"。

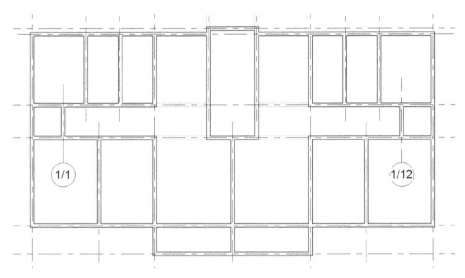

图 7－16　F1 楼层绘制

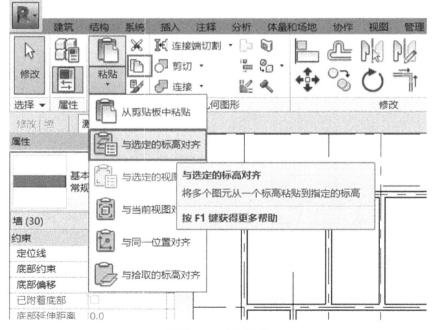

图 7－17　复制墙体

④ 选择"视图"选项卡下的"三维视图"——"默认三维视图",添加三维视图,即可立体查看别墅建模,如图 7-18 所示。

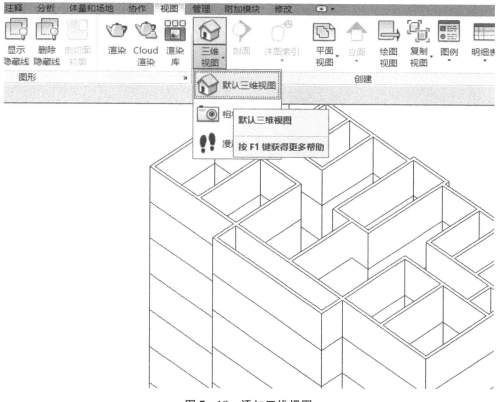

图 7-18　添加三维视图

7.4　绘制楼板

① 打开楼层视图 F1,与墙类似,也可以根据楼板要求,对不同类型的楼板进行部件编辑。本案例对楼板进行分类,根据楼板的不同上下面层分为储藏室-分户楼板、储藏室-厨卫楼板、楼梯间楼板、户-户楼板、户-户厨卫楼板,各楼板做法近似,仅添加面层部分不同,故以下仅叙述储藏室-分户楼板的制作过程。选择"建筑"选项卡—"构件"面板—"楼板"下拉菜单"楼板建筑",选择"编辑类型"。首先在编辑类型界面中对默认楼板进行复制,将名称命名为"储藏室-分户楼板"。

② 单击结构一栏中的"编辑",插入 6 个功能层,其中 2 个功能层通过"向上"

调整在"包络上层"以上,4 个功能层通过"向下"调整在"包络下层"以下,材质和厚度根据需求调整。编辑完成后点击"确定""应用",如图 7 - 19 所示。

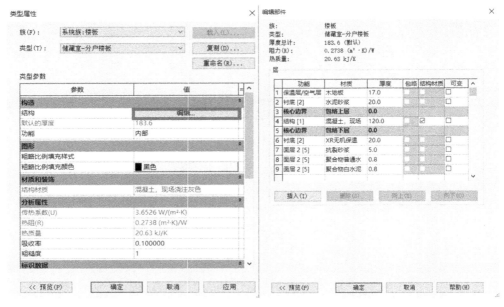

图 7 - 19 编辑楼板

③ 楼板有几种常用画法,可以采用矩形边际线或直线边际线绘制,F1 楼板统一采用矩形边际线绘制,其余楼层的楼板采用直线边际线绘制,如图 7 - 20 所示。对储藏室-分户楼板编辑完成后,选择"绘制"—" ",选取所需画房间墙内部的 2 个对角,即可完成绘制。因边际线不能重合,起居室不能由一个矩形绘制完成,故分 2 次完成。完成后选择"模式"—" ",退出编辑模式。

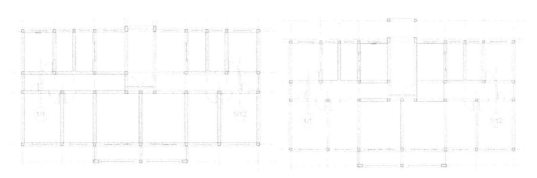

图 7 - 20 矩形边际线绘制的楼板

④ 对户-户楼板编辑完成后,选择"绘制"—" 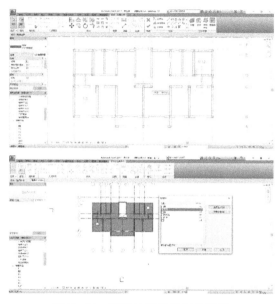 ",选取所需画房间墙内部的 2 个点,沿着房间的墙边绘制,直至闭合,则绘制完成,如图 7 - 21 所示。完成后选择"模式"—" ✔ ",退出编辑模式。

图 7 - 21　直线边际线绘制的楼板

⑤ 绘制完成后选中视图中所有内容,点击"过滤器",只选择"楼板",点击"复制",然后点击"与选定标高对齐",同时选中 F3、F4、F5、F6 标高,点击"确定",如图 7 - 22 所示。

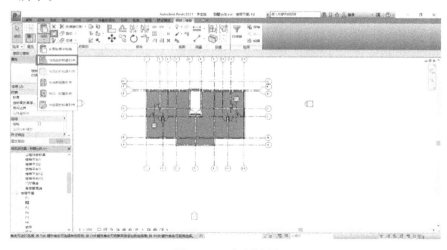

图 7 - 22　复制楼板

155

7.5　绘　制　柱

① 假设柱为钢筋混凝土柱,截面尺寸分别为 240 mm×240 mm,240 mm×480 mm,480 mm×240 mm 的矩形柱。打开楼层视图"室内地面",选择"建筑"选项卡—"构件"面板—"柱",选择"编辑类型"。载入"钢管混凝土柱-矩形"族,在尺寸标注中对 b、h 进行修改,并分别进行保存,如图 7-23 所示。

② 绘制柱之前先将柱"深度"改为"高度",高度选为"F1",然后按图纸进行绘制。选择楼层平面 F1,绘制柱时高度选为"F2",按照图纸进行绘制。选中此图层所有绘制柱,进行复制,复制到 F2、F3、F4、F5、F6 标高,如图 7-24 所示。

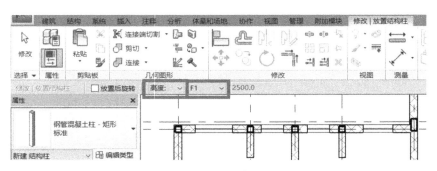

图 7-23　编辑柱

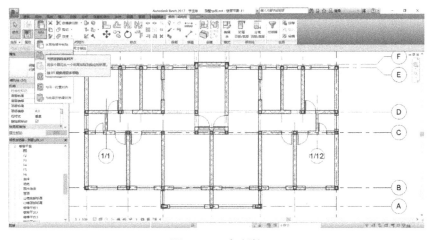

图 7-24　复制柱

7.6　绘制屋顶

7.6.1　绘制普通屋顶

① 选择楼层平面 F6。选择"建筑"选项卡—"构件"面板—"屋顶",选择"编辑类型"。根据要求对屋顶进行编辑,如图 7-25 所示。

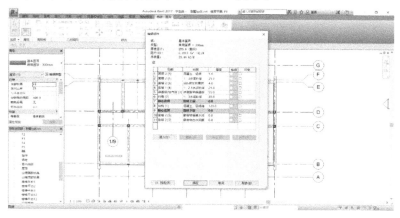

图 7-25　编辑屋顶

② 在图元属性中将"自标高底部高度"修改为 400.0 mm,然后绘制迹线。采用直线方式绘制迹线,如图 7-26 所示,对屋顶东西侧迹线、屋顶北部凹槽迹线、阳台南部迹线关闭"定义屋顶坡度",坡度可以自己设置,将其余的屋顶北部迹线坡度修改为 26.86°,屋顶南部迹线坡度修改为 23.16°,屋顶南部阳台处东西侧迹线坡度修改为 24.78°。

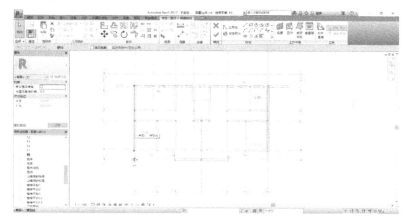

图 7-26　编辑屋顶迹线

③ 选择东立面视图,绘制参照平面,使其高度等于屋顶阳台处三角阁楼高度,使用"对齐"命令,如图 7－27 所示,对屋顶进行微调,让其顶端高度与屋顶标高相同,屋顶阳台处三角阁楼高度与参照平面相同。调整完毕后在 3D 视图中选择屋顶中突出墙体,选中这些墙体并选择"附着顶部",然后选择"屋顶",如图 7－28 所示。

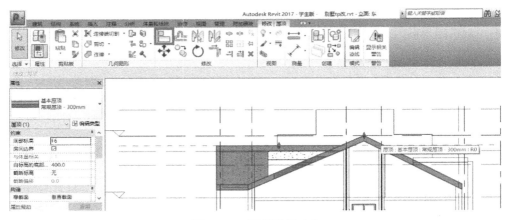

图 7－27　屋顶顶部对齐

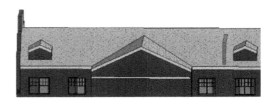

图 7－28　屋顶墙体附着

7.6.2　绘制老虎窗

① 在东立面 17.870 m 高度建立阁楼窗底部标高。选择阁楼窗底端"标高视图",选择"绘制屋顶"命令,迹线根据图纸中的位置进行定位。阁楼窗南北侧迹线

关闭"定义屋顶坡度",将东西侧迹线坡度调整为 23.40°,如图 7-29 所示。在东立面视图中调整阁楼窗顶端,与图纸中要求的高度对齐,如图 7-30 所示。

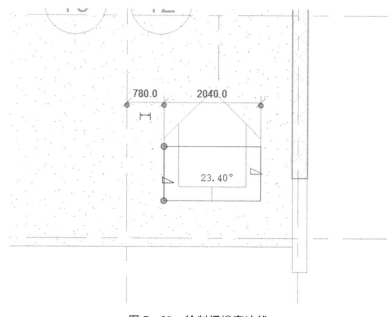

图 7-29　绘制阁楼窗迹线

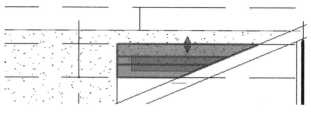

图 7-30　调整阁楼窗高度

②　在 3D 视图中选择"阁楼窗屋顶",点击"屋顶连接",将其与阁楼大屋顶连接。在 3D 视图中选择"上视图",绘制墙体使阁楼窗和屋顶闭合,然后选择"墙体",使其顶端附着于阁楼窗屋顶,底端附着于别墅屋顶,如图 7-31 所示。选择"建筑"选项卡—"洞口"面板—"老虎窗",然后点击"别墅大屋顶",将视图样式选成线框样式,选择墙内侧与大屋顶的交线,形成闭合后点击"完成",如图 7-32 所示。选中此阁楼窗屋顶以及绘制辅助用的墙,以别墅 7 轴线为对称轴做镜像对称然后重复老虎窗洞口操作。

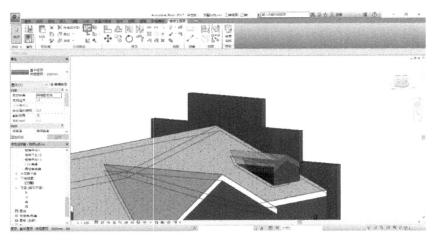

图 7 - 31　阁楼窗屋顶与大屋顶连接

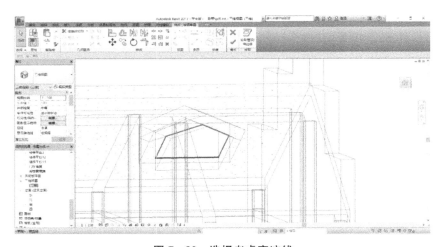

图 7 - 32　选择老虎窗迹线

7.7　别墅门窗设计

① 打开"1F"视图,单击设计栏"建筑""门"命令,在类型选择器中按 CAD 门窗表选择推拉门或者平开门,并调整门窗属性。

部分门类型属性、门属性如图 7 - 33,图 7 - 34 所示:

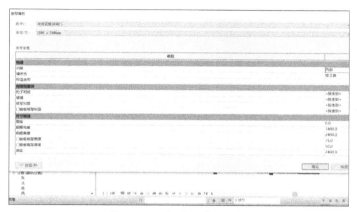

图 7 - 33　部分门类型属性

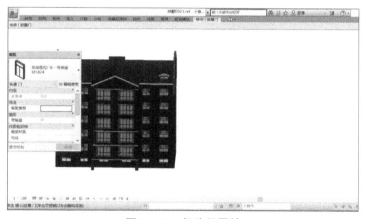

图 7 - 34　部分门属性

窗户的属性调整也类似,部分窗户属性如图 7 - 35 所示:

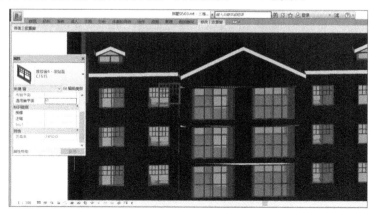

图 7 - 35　部分窗户属性

② 将光标移到墙上,此时会出现门与周围墙体距离的相对尺寸,这样便可以通过相对尺寸大致捕捉门的位置。按空格键可以控制门的左右开启方向。

③ 放置好一层的门窗后,可选中所有门,再复制粘贴到其他楼层即可,如图7-36所示。

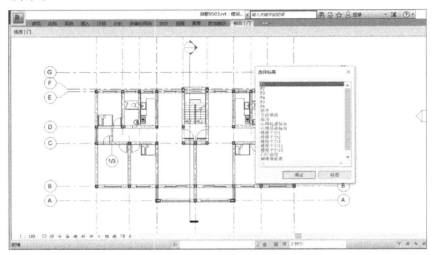

图 7-36　复制门

7.8　别墅楼道设计

① 选择室内地面。选择"建筑"选项卡—"楼梯"面板,选择"楼梯(按草图)",如图7-37所示。根据要求对楼梯进行编辑。

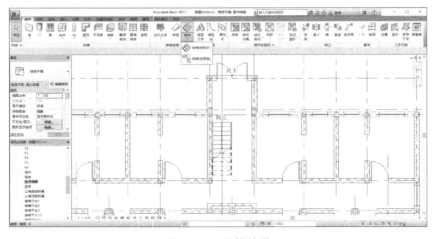

图 7-37　编辑楼梯

② 在菜单栏中点击"参照平面",如图 7－38 所示,然后绘制参照线,竖向的参照线标定楼梯中轴线,横向的参照线标定楼梯梯段的起始和结尾。

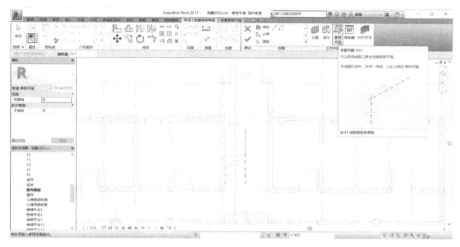

图 7－38　参照平面

③ 在图元属性面板中更改底部标高、顶部标高、楼梯宽度、所需梯面数、梯面高度、踏板深度等参数。然后点击"编辑类型",在类型属性面板中勾选"整体浇筑楼梯",并选择楼梯所用材质为"混凝土-现场浇筑混凝土",如图 7－39 所示。

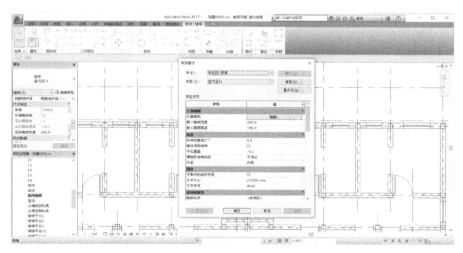

图 7－39　编辑楼梯属性(a)

④ 在类型属性面板中,在"梯面"一栏下勾选"开始于踢面"以及"结束于踢面",如图 7－40 所示,否则楼梯与楼板将不会相连。点击"确定"后在菜单栏点击

绿色"√"，则一段楼梯完成。

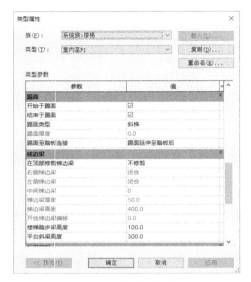

图 7‒40 编辑楼梯属性(b)

⑤ 选择楼层平面 F1，重复上述步骤，注意将图元属性面板中底部标高修改为 F1，顶部标高修改为 F2，并勾选多层顶部标高 F5，如图 7‒41 所示。此时需注意按照图纸要求更改梯面数、梯面高度、踏板深度等选项。需要注意的是，在"类型属性"面板中"构造"一栏下"延伸至基准之下"的后面填写—260.0，如图 7‒42 所示，这是为了使每一段楼梯底部能与楼板完全连接，避免出现钢筋外露等现象。

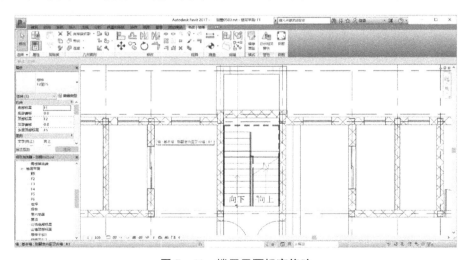

图 7‒41 楼层平面标高修改

图 7-42 修改楼层平面属性

⑥ 修改栏杆。选择 F5。选择"建筑"选项卡—"栏杆扶手"面板,选择"绘制路径"。绘制完成五楼的封口栏杆后点击绿色"√",完成楼梯整体栏杆扶手绘制。

7.9 场地及场地构件

7.9.1 绘制场地

在"体量和场地"选项卡下选择"地形表面"按钮,选择三维视图的上视角,以便于操作和定位,如图 7-43 所示。绘制地形表面和绘制地形图类似,通过将放置的不同高程的点连接起来,形成高低不同的地形。每个新放置的点都可以修改高程,此处为简易操作,将所有高程点设为 0.0。

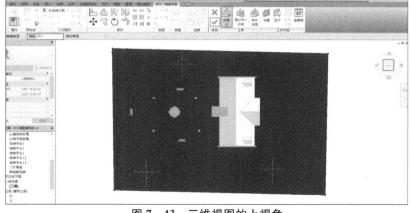

图 7-43 三维视图的上视角

7.9.2 添加场地构件

在"体量和场地"选项卡下选择"场地构件"按钮,进入场地构件的放置界面,此处可以选择属性选项卡中的"编辑类型",对场地构件进行编辑,可以修改参数,也可以选择载入族;在"China/建筑/场地"中载入需要的族,在场地上进行放置,按空格可以切换场地构件的方向,如图 7-44 所示。

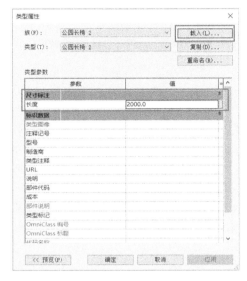

图 7-44 场地构件编辑

7.10 渲染和漫游

7.10.1 相机

选择"视图"选项卡下的"三维视图"下拉菜单中的"相机"选项,在选项栏中可以调整"偏移量"的数值,以此来决定相机的高度。在平面视图的合适位置布置相机,确定相机的投射方向。

如图 7-45 的右侧图所示,鼠标点住圈中的控制点,可以调整相机的视野。

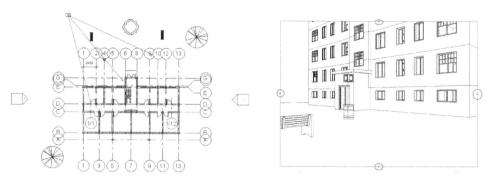

图 7 - 45　布置相机

7.10.2　渲染

选择"视图"选项卡下的"渲染"按钮,在弹出的对话框中可以对渲染的质量、分辨率、照明、背景、曝光进行设置。勾选区域可以自定义渲染区域,如图 7 - 46 所示。设置完成后可以点击"渲染"开始进行渲染,待进度条完成后,可以选择保存到项目中或导出,对渲染结果进行保存。

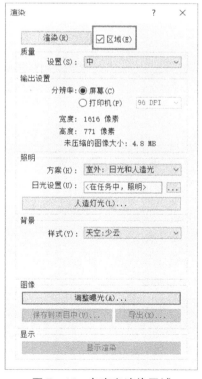

图 7 - 46　自定义渲染区域

7.10.3 漫游

将视图切换成室内地坪视图,点击"视图"选项卡下的"三维视图"下拉菜单中的"漫游"按钮,如同相机操作一样,也可以修改漫游的偏移量。可以在平面视图中绘制漫游路径,其中每次点击鼠标即建立一个关键帧。路径绘制好后先点击"完成"按钮,再点击"编辑漫游"按钮,视图中出现若干红色点,即关键帧。如图 7 - 47 所示,左上角方框中的选项可切换各关键帧,鼠标点住圈中加号,调整各关键帧视角,将所有关键帧视角对准建筑物。调整结束后,可以点击"打开漫游",切换成第一关键帧,点击"播放"按钮,观看漫游路径播放。

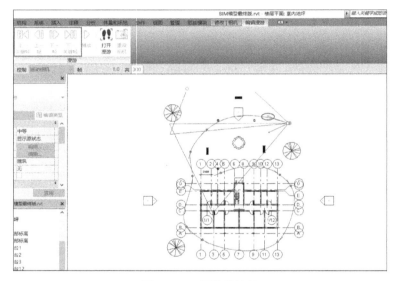

图 7 - 47　切换关键帧

需要导出漫游视频时,在漫游视图下,点击应用程序"菜单"按钮→"导出"→"图像和动画"→"漫游"。在"长度/格式"对话框中可以调整帧的范围以及尺寸,将尺寸标准改为 1 024,如图 7 - 48 所示,点击"确定"按钮,弹出"导出漫游"对话框,选择视频"保存"位置后,点击"保存"按钮,弹出"视频研所"对话框,直接点击"确定"。

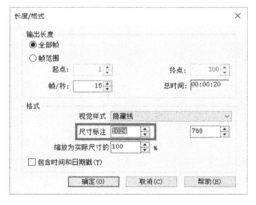

图 7 - 48　修改尺寸标注

第八章　Navisworks 软件基本操作应用

8.1　Navisworks 软件简介

Navisworks 软件是 Autodesk 公司的一系列建筑工程管理软件产品之一，主要功能是能够对 AutoCAD 和 Revit 等软件创建的项目数据进行进一步的分析处理，可以实现工程的碰撞检查、3D 漫游、施工模拟等。虽然 Revit 软件也能进行碰撞分析，但是打开文件的格式受到很大限制，而且只要是对稍具规模的项目进行分析，对电脑配置要求就很高，Navisworks 软件可以轻松解决上述问题。Navisworks 软件系列主要包括 Navisworks Manage 和 Navisworks Freedom 2 款软件，这 2 款软件区别在于 Navisworks Manage 软件是集分析、仿真、碰撞检查于一体的全面设计审查软件；Navisworks Freedom 则是仅支持 NWD 和 DWF 等文件格式的免费浏览器，只能进行项目浏览和漫游，可以方便工程合作的各方浏览审阅模型。

8.2　快速渲染

① 本案例以 Navisworks 2017 版本为示范，打开 Navisworks 软件的操作界面可以发现其和 Revit 软件操作界面类似。可以将本章绘制的 Revit 模型在 Revit 软件中导出为".nwc"格式的文件，然后在 Navisworks 软件中打开。可以先把界面无关的选项卡关掉，在"查看"选项卡下可以通过点击"显示轴网"按钮来隐藏或显示轴网。

在"视点"选项卡下将"渲染样式"中的模式切换为完全渲染模式，然后打开"常用"选项卡下的"Autodesk Rendering"，鼠标点住弹出的"Autodesk Rendering"工作窗口标题栏，可以拖到屏幕中出现的固定方块处，查看放置的效果，也可以按喜好安排自己的工作空间。此处为方便将次工作窗口放置在最左处,如图 8-1 所示。

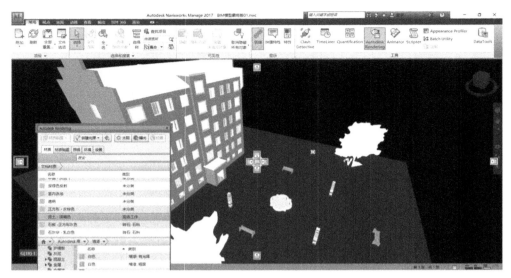

图 8-1 "Autodesk Rendering"工作窗口

②"Autodesk Rendering"工作窗口材质选项卡下的左侧上方红框区域是项目中所拥有的材质,下方红框区域是 Autodesk 库中的材质。首先需要将需要渲染的材质添加到文档材质中,双击 Autodesk 库中需要的材质,弹出如图 8-2 所示右侧的材质编辑器,点击"添加到文档并编辑",或者直接在材质上点击鼠标右键,添加到文档材质中。

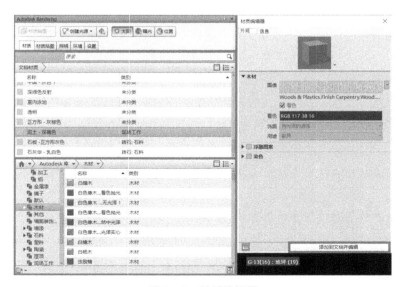

图 8-2 材质编辑器

③ 选择三维视图窗口中的任意一个构件,鼠标点击右键,在弹出的窗口中选择"将选取精度设置为最高层级的对象",如图 8-3 所示。"将选取精度设置为文件"即鼠标一次就选中整个文件,"将选取精度设置为图层"即鼠标选取整个图层,本项目中为选中整个楼层所有构件,"将选取精度设置为最高层级的对象"即鼠标选取一个构件,"将选取精度设置为最后一个对象"在大多数情况下与"将选取精度设置为最高层级的对象"相同,"将选取精度设置为几何图形"即可选择图元族的最小构件,此处根据渲染选取的需要可以选择适合的选取精度。

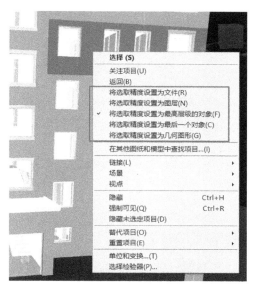

图 8-3　将选取精度设置为最高层级的对象

选择渲染的图元还可以点击常用选项卡下的"选择树"按钮,在选择树工作窗口中可以很轻松地选择具有相同类型属性特征的构件,如图 8-4 所示,点击"F4"标高下的外墙即选中所有 F4 楼层中需要进行渲染的外墙图元。

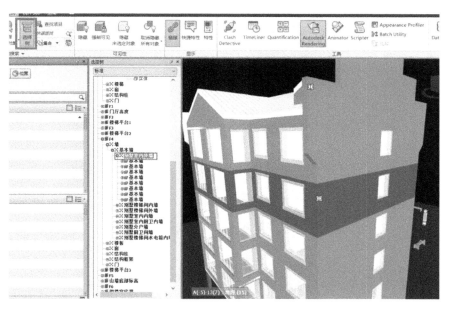

图 8-4　选择具有相同类型属性特征的构件

④ 选中需要进行贴图的图元构件,点击左侧的文档材质窗口中适合的材质,即完成对图元的贴图操作,如图 8-5 所示。

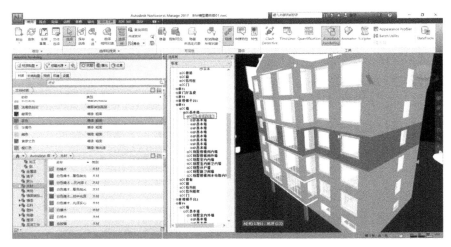

图 8-5　贴图操作

⑤ 在"Autodesk Rendering"工作窗口"材质贴图"选项卡中必须将选取精度设置为几何图形,才能对选取的材质贴图进行编辑。在此选项卡可以对贴图的偏移量、缩放程度、旋转角度、区域的最大最小值进行适当修改,如图 8-6 所示。

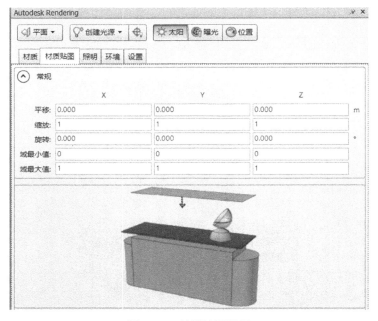

图 8-6　材质贴图编辑

⑥ 在"Autodesk Rendering"工作窗口"照明"选项卡中,可以创建光源,并对光源进行编辑,可以调整灯光强度、颜色、开关状态等,点击图 8－7 中画框处,可以显示光源位置,在三维视图中点住 X、Y、Z 其中一轴拖动,即可调整光源位置。

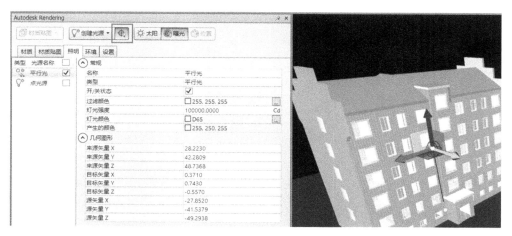

图 8－7 "Autodesk Rendering"工作窗口"照明"选项卡

在三维视图中点击鼠标右键菜单中的"文件选项",在"头光源"和"场景光源"中可以调整光源亮度,如图 8－8 所示。

图 8－8 调整光源亮度

⑦ 在"Autodesk Rendering"工作环境选项卡中,可以对环境进行编辑,对太阳、天空等进行设置,如图 8 - 9 所示。

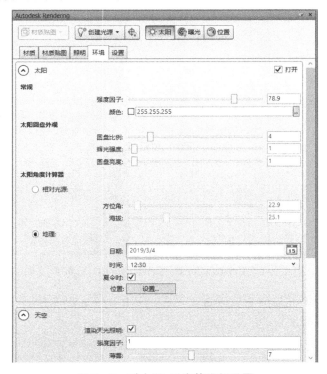

图 8 - 9　对太阳、天空等进行设置

在三维视图中点击鼠标右键菜单中的"背景",可以调整背景选项,如图 8 - 10 所示。需要注意的是当在环境中已设置太阳,背景处于地平线状态。可以通过调整太阳的相对光源的方位角和海拔设置调整背景。

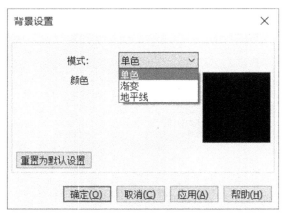

图 8 - 10　调整背景选项

⑧ 在"Autodesk Rendering"设置选项卡(如图 8 – 11 所示)中可以对渲染的质量进行设置,渲染级别越高渲染质量越好。一切都调整好后可以选择一个合适的角度,点击"渲染"选项卡下的"光线跟踪"按钮,进行光线渲染,渲染好以后,在一个合适的角度可以点击"视点"选项卡中的"保存视点"按钮,保存此视点,需要导出图片时直接点击"渲染"选项卡下的"图像"按钮,即可导出图片。

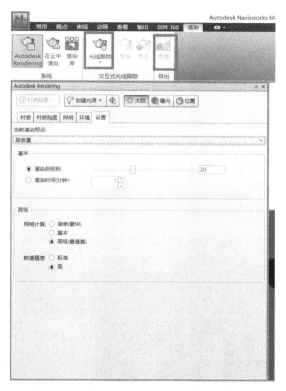

图 8 – 11　"Autodesk Rendering"设置选项卡

8.3　漫游

在"视点"选项卡下点击导航面板上的小三角,可以修改漫游行动下的线速度和角速度。点击"真实效果",在其下拉菜单中可以选择"碰撞"和"第三人",点击"漫游"按钮,即可开始漫游,如图 8 – 12 所示。漫游模式下,可以操作键盘上的上下左右方向键,操作左右键即在水平方向上移动视角,操作上下键即在水平方向上前进后退。鼠标操作包括:点住鼠标左键上下移动即在水平方向上前进后退,点住鼠标左键左右移动即在水平方向上移动视角,点住鼠标中键上下移动即在垂直方向上上下移动。

图 8 - 12　"视点"选项卡

真实效果下开启"碰撞",则人、物不能穿过实体,如图 8 - 13 所示,但是可以走楼梯;开启"重力",则人、物只能站在有支撑的实体表面;开启"蹲伏",则人、物可以在高度不够无法站立前进的情况下进行蹲伏前进,一般可用于检查模型中管道检修空间是否足够。

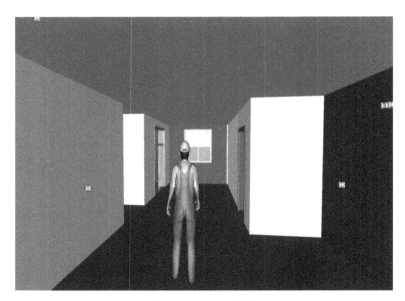

图 8 - 13　真实效果

8.4　碰撞检测及审阅

① 打开常用选项卡 "Clash Detective" 按钮,如图 8-14 所示,添加测试,在下方"选择 A"和"选择 B"的窗口中选择要进行碰撞检测的模型,一般用来检测土建与机电模型之间的碰撞。在"规则"选项卡中的规则中可选择可用的进行碰撞模型的规则,也可以根据需要添加规则;在"选择"选项卡下方的设置中可以选择类型和公差,类型包括硬碰硬、硬碰硬(保守)、间隙、重复项。硬碰硬是指当模型间距离为负时对距离进行记录,负数的绝对值越大,碰撞越严重。由于 Navisworks 几何图形均由三角形构成,因此硬碰硬检测可能会错过没有三角形相交的项目之间的碰撞,而硬碰硬(保守)则能解决这个问题,公差则可以将碰撞一定范围内可容许的误差去除掉。重复项则是检查出现重叠的构件。规则和项目确定后,在"选择"选项卡下点击"运行检测"按钮。

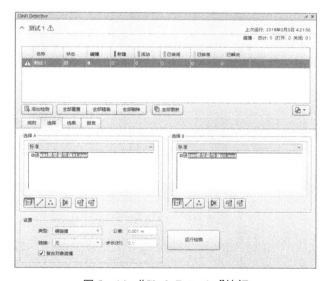

图 8-14　"Clash Detective"按钮

"结果"选项卡可以显示各项错误的具体信息,还可以对"项目 1"和"项目 2"的错误进行筛选,分组分类别整理,如图 8-15 所示。"报告"选项卡则可以将发生碰撞部位的信息导出,如图 8-16 所示。

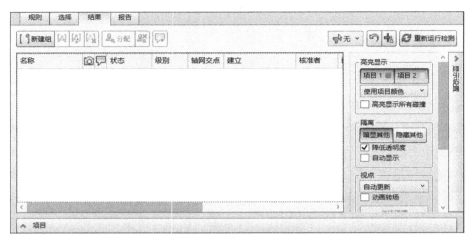

图 8 – 15　"结果"选项卡

图 8 – 16　"报告"选项卡

②"审阅"选项卡下的功能一般为测量或对出现碰撞或错误的地方进行批注。如图 8 – 17 所示,在"审阅"选项卡下点击"测量"按钮可以进行点到点、点到多点等的测量,点击"文本"和"绘图"可以在已保存的视点或具有已保存视点的碰撞结果上编辑批注文字,如果没有已保存的视点,可以点击"添加标记"按钮,创建新的视点并保存。

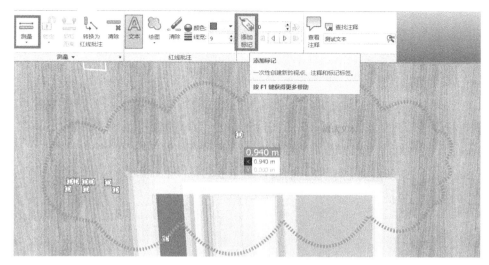

图 8-17　"审阅"选项卡

8.5　动画制作

① Navisworks 可以创建视点动画,首先点击"视点"选项卡下的"保存视点"下拉菜单中的"录制"按钮,然后移动建筑模型,当认为动画可以结束时点击"停止"按钮,即可完成录制,点击"播放"按钮即可观看动画效果,如图 8-18 所示。需要保存或导出动画时先在"视点"列表中选中该动画,点击"输出"选项卡下的"动画"按钮,调整动画尺寸、帧数、格式,点击"确定",等待导出结束即可完成。

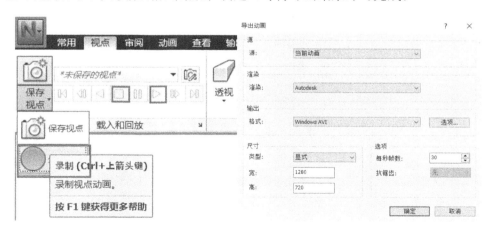

图 8-18　创建视点动画

② Navisworks 也可以制作场景动画。如图 8-19 所示,点击常用选项卡下的 "Animator",可以对某一层的单扇门进行编辑,选中门,点击左下角的小加号,添加场景,鼠标指向所添加场景点击右键,添加"动画集""从当前选择",此时可以对门添加平移、旋转、缩放动画集。点击"旋转动画集",将时间调整到 0:02.00,将门上的旋转小控件移动到门轴上,鼠标点住 XY 平面进行拖动,将门拖动 90°时先点击 "添加关键帧",再点击"停止"即可完成门的旋转动画,如图 8-20 所示。

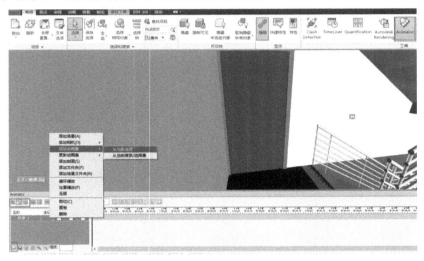

图 8-19　制作场景动画

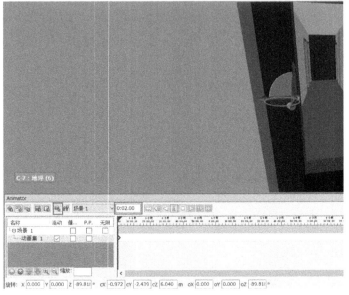

图 8-20　门的旋转动画

还可以添加脚本动画,重复上述操作,打开"Scripter",新建脚本 1,在"事件"选框中选择"热点触发",如图 8-21 所示,对触发条件进行编辑,热点类型点击"拾取",在视图中点击"门"即可。编辑结束后点击"播放动画按钮",动画选择为"动画集 1",其他不变。然后新建脚本 2,重复上述步骤,最后特性调整如图 8-22 所示,开始时间选择结束,结束时间选择开始。播放动画时,首先打开"动画"选项卡中的"启用脚本",打开"漫游",在场景视图中向门靠近或远离门,门就会在相应距离自动开启或关闭。

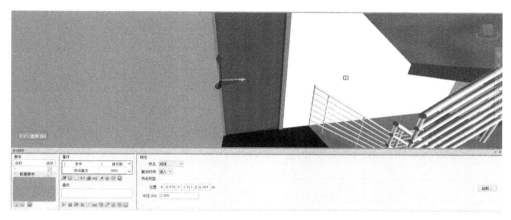

图 8-21 对触发条件进行编辑

图 8-22 特性调整

8.6 施工模拟

① 绘制与工程相关联的 Project 进度计划,导入 Navisworks 中,如图 8-23 所示。

ⓘ	任务模式	任务名称	工期	开始时间	完成时间	前置任务
		基础	40 个工作日	2016年1月3日	2016年2月25	
		◢ 主体施工	70 个工作日	2016年2月26	2016年6月21	2
		一层板柱	7 个工作日	2016年2月26	2016年3月7日	
		二层板柱	7 个工作日	2016年3月8日	2016年3月16	4
		三层板柱	7 个工作日	2016年3月17	2016年3月25	5
		四层板柱	7 个工作日	2016年3月28	2016年4月5日	6
		五层板柱	7 个工作日	2016年4月6日	2016年4月14	7
		六层板柱	7 个工作日	2016年4月15	2016年4月25	8
		屋顶	10 个工作日	2016年4月26	2016年5月9日	9
		◢ 二次结构施工	42 个工作日	2016年4月6日	2016年6月2日	
		一层砖墙	7 个工作日	2016年4月6日	2016年4月14	7
		二层砖墙	7 个工作日	2016年4月15	2016年4月25	12
		三层砖墙	7 个工作日	2016年4月26	2016年5月4日	13
		四层砖墙	7 个工作日	2016年5月5日	2016年5月13	14
		五层砖墙	7 个工作日	2016年5月16	2016年5月24	15
		六层砖墙	7 个工作日	2016年5月25	2016年6月2日	16
		◢ 门窗安装	18 个工作日	2016年6月3日	2016年6月28	
		一层门窗	3 个工作日	2016年6月3日	2016年6月7日	11
		二层门窗	3 个工作日	2016年6月8日	2016年6月10	19
		三层门窗	3 个工作日	2016年6月13	2016年6月15	20
		四层门窗	3 个工作日	2016年6月16	2016年6月20	21
		五层门窗	3 个工作日	2016年6月21	2016年6月23	22
		六层门窗	3 个工作日	2016年6月24	2016年6月28	23
		装饰装修	30 个工作日	2016年6月3日	2016年7月14	11
		机电安装	30 个工作日	2016年6月3日	2016年7月14	11

图 8 - 23　Project 进度计划

② 单击常用选项卡下的"TimeLiner"按钮,在"TimeLiner"下单击"数据源"选项卡,单击"添加",选择编好的进度计划,编辑字段选择器(如图 8 - 24 所示),单击"确定",鼠标指针指在新数据源上,右键单击"重建任务层次",如图 8 - 25 所示。此时切换到"TimeLiner"窗口下的"任务"选项卡,进度计划各项信息已经载入。

图 8 - 24　字段选择器

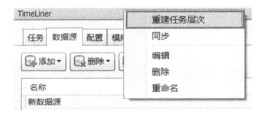

图 8 - 25　重建任务层次

打开"选择树",将对应的构件附着在对应的进度计划中,将任务类型选成构造,将各项任务附着(如图 8-26 所示)之后,在"模拟"选项卡中点击"播放",即可播放施工模拟动画,如图 8-27 所示。

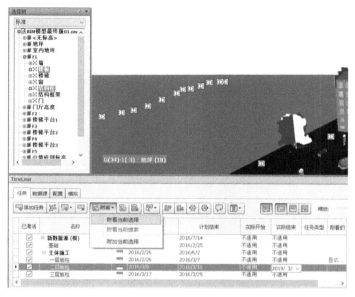

图 8-26　将各项任务附着

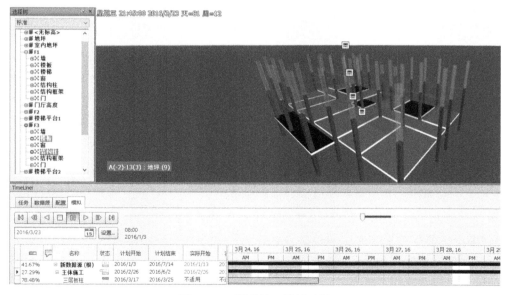

图 8-27　播放施工模拟动画

第九章　Lumion 软件基本操作应用

9.1　Lumion 软件简介

　　Revit 自身的渲染、漫游功能无法进行即时渲染,出图和出漫游视频需要的时间长,操作麻烦,且效果不佳。这时就需要专门使用一个使设计成果可视化的软件,将设计成果直观地展示出来。能做到这个的软件有很多,如 3ds Max、Lumion、SketchUp、V-Ray、Fuzor 等,不同软件有不同的特点。

　　Lumion 9.0(如图 9－1 所示)是 Lumion 系列软件的新版本,也是目前建筑师可用的世界上最快速的三维渲染软件之一,能够在几秒钟内,以视频或图像形式可视化具有逼真背景和惊人艺术感的 BIM 模型。新版本在比以往更快地捕捉逼真场景的同时,还可以让项目立即变得生动起来。比如 Lumion 9.0 添加了一键式真实天空,投射新的光影到场景,立即为设计创造一个漂亮、独特的背景,让真实雨景传达舒适的空间感,并用毛茸茸的地毯和蓬松的毯子装饰。另外新改进的场景构建工具可以在几分钟内创建复杂的环境,除了改进的工作流程,还可以在所有项目中尽情享受 Lumion 9.0 令人惊叹的渲染速度和卓越的图像及视频质量。

　　Lumion 是一个实时的 3D 可视化工具,可用来制作电影和静帧作品,涉及的领域包括建筑、规划和设计。它也可以传递现场演示。Lumion 的强大就在于它能够提供优秀的图像,并快速高效地将工作流程结合在一起。Lumion 相对 3ds Max 更易上手,相对 V-Ray 更易获取,相对 SketchUp、Fuzor 有更好的出图效果。Lumion 的可视化渲染漫游的最大优势是能够做到场景下的及时渲染,拥有非常丰富且漂亮的构件素材,同时有非常专业非常多样的美术风格参数调整工具,最终的渲染效果图及漫游视频往往能达到惊艳的效果。Lumion 软件的可视化也具有制作效率高、输出画质清晰的优点。高效的制作优势能够大大节省设计人员的时间与精力,使其创造更多价值;高精确度的图像可以将设计者的设计意图完整地表现出来。此外,Lumion 软件方便设计者在工作中汇报与展示工作内容,将优秀的设计作品呈现给大家。Lumion 的强大之处还在于动画作品的设计,软件本身具有大量的视频制作特效,可选择的视频制作素材较多,动画制作输出简单。

图 9 - 1 Lumion 9.0 示例界面

在使用 Lumion 进行室内设计、渲染和漫游之前,需要解决的问题是如何将 Revit 中的模型文件导入 Lumion 中。通常在 Revit 中将文件导出为 FBX 模式(如图 9 - 2 所示),然后由 Lumion 读取。但 FBX 文件在导入 Lumion 之后会丢失所有的材质信息,完全表现为白模(如图 9 - 3 所示)的形式,所有材质均需在 Lumion 中进行赋予。这显然是对之前工作努力的浪费,且 Lumion 中也不一定能找到合适的材质内容。然而,DAE 格式的文件能够保留模型的材质信息,而 Revit 输出 DAE 格式文件,需要一个插件——Lumion LiveSync for Revit(如图 9 - 4 所示)。通过此插件的格式输出,可以实现 Revit 和 Lumion 之间的信息沟通。

图 9 - 2 导出 FBX 文件

图 9-3 "白模"建筑文件示意图

图 9-4 插件 Lumion LiveSync for Revit

此插件的功能不只是能转化一个中间文件而已。删除位于电脑"C:\ Windows\System32\drivers\etc"中的 hosts 文件(图 9-5)后,该插件可以实现 Lumion 与 Revit 之间的完美联动,在 Revit 中对模型进行的任何编辑、添加的任何构件都可以在 Lumion 中显示,也可以用 Revit 中的视角变化控制 Lumion 中的视角变化。该过程同时也是一个审核纠错的过程,因为在 Revit 中进行模型构建时,很容易在一些细节地方犯错,比如墙体与柱并没有连接上,少绘制了一块楼梯板等。这些问题在 Revit 中的二维视图和三维视图中都很容易被忽视,而在 Lumion 中进行室内装饰和漫游时很容易被发现,此时在 Revit 中进行修改,实时观察修改效果,提升模型审核的效率和质量。但同时此处也需要指出此功能在运用时,是无法在 Lumion 中添置构件的,仅能进行构件的移动删除、材质的编辑、景观的编辑,当联动结束后需将 hosts 文件放回原位置,在 Lumion 中才可以继续添置构件。

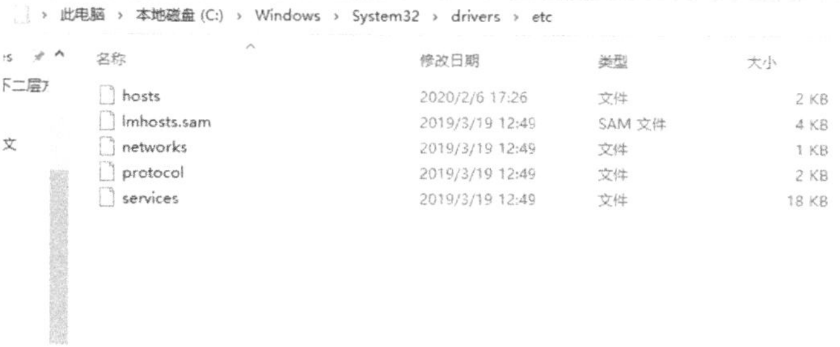

此电脑 › 本地磁盘 (C:) › Windows › System32 › drivers › etc
名称
修改日期
类型
大小
hosts
2020/2/6 17:26
文件
2 KB
lmhosts.sam
2019/3/19 12:49
SAM 文件
4 KB
networks
2019/3/19 12:49
文件
1 KB
protocol
2019/3/19 12:49
文件
2 KB
services
2019/3/19 12:49
文件
18 KB

图 9-5　hosts 文件位置

图 9-6　降低地势，显示地下室

本章以一栋五层的办公楼为例，在 Lumion 中打开建筑模型文件后，第一，地坪以下部分通过降低地势，使地下室部分能够显示出来（图 9-6）；第二，确定此建筑的风格，对建筑的柱、墙、板等材质信息进行挑选比对，以达到美观统一效果的；第三，针对建筑的每一个房间、每一条过道、每一处开放空间进行室内设计，结合房间的使用功能，利用 Lumion 提供的丰富的构件素材，精心搭配出真实又精致的室内效果；第四，对建筑的灯光进行设计，创造建筑在夜晚的效果；第五，在此建筑之外的地方，设计适当的建筑环境，因为是两栋办公楼，所以主要以公路环境为主，使该建筑在环境中不孤立，以达到更加真实的效果；第六，运用镜头编辑，截取关键帧，制作各个空间的漫游视频，设置参数后渲染，得到一段 MP4 格式的漫游视频；第七，使用 PR 视频编辑器将这些视频剪辑在一起。

9.2　室内设计方案

首先是对建筑整体材质的选取。办公楼沿东西向有两个基本上相同的主体，在南边的三四层处有一个连廊。根据办公楼锯齿状的外墙，以及极大的采光面积，在外墙上选用了石材的材质，颜色偏暗，表面有岩石的质感，使建筑从外部看来有种厚重坚实的感觉，以符合建筑的办公楼功能定位。建筑内部的竖向构件表面材质选用颜色较深的石膏，而地板面选用颜色较浅的瓷砖，整体色调偏冷，给人以冷

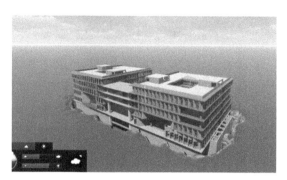

静严肃的感觉。在柱和梁的表面材质选择上，选用了方块状的混凝土材质，颜色与墙面相统一。建筑主体表面材质呈现结果大致如图 9-7 和图 9-8 所示。

图 9-7　房间内材质

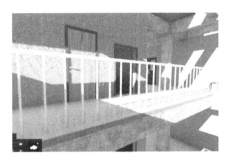

图 9-8　房间外材质

材质确定后需对各个房间内部的家具摆设进行设置。由原始图纸可知，A2 楼中的房间除卫生间和茶水间外，其他都是研发办公室。根据图纸，办公室一共有六种类型（如图 9-9 所示），不同楼层之间相同位置的办公室会有略微的变化（如外墙变为玻璃幕墙，有无连廊等）。有变化的部分可以微调，重要的是要对这六种办公室进行室内设计。

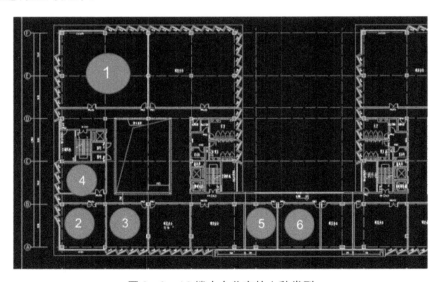

图 9-9　A2 楼中办公室的六种类型

办公楼北部的两个大办公室，每个房间的面积为 267.37 m²。在这样大的面积情况下，全部摆放办公桌容易产生空旷感和重复感，容易产生流水车间的联想。为了使办公室环境更能让人产生舒适感，在办公室中加入了隔断构件（Revit 构件坞中导入),将此大办公室分为一个大办公室、一个小办公室和一个小会议室。

在大办公室里放了 6 张大办公桌(如图 9-10 所示),每桌坐 4 人,因此能同时容纳 24 人在此办公室同时办公。每个工位都配置了电脑显示器、主机、键盘、鼠标、储物柜、水杯、纸笔等一系列办公室常见的构件,使环境更具有真实感。在靠近门的一侧设置了一个资料角(图 9-11),放置了一个大书柜、一个资料柜、一套电脑配置以及一些打印机。书柜上放置了许多书籍,资料柜中也装满了资料夹文件。在靠近北侧窗户的部分,加入了一些小沙发和矮桌,桌上放置了一些茶具器件,以供员工休息时间来此处放松。大办公室的墙上挂了一些画和海报,室内也摆放了一些植物花卉,以使大办公室看起来更富生活气息。

图 9-10　大办公室办公桌

图 9-11　大办公室资料角

在隔断的一侧首先是一个小会议室(图9-12),会议室中摆放了一张大会议桌、一套多媒体设备(显示器、主机、投影仪等)、一些沙发矮桌,以及十几把椅子,会议桌上放置了一些纸笔、报纸、书籍等物品。小会议室的功能是为此办公室的人提供一个聚集开会的场所。最后是房间角落(同时也是楼层角落)的小办公室(图9-13)。这是一个单人办公室,是专门为这间办公室的领导或管理人员提供的单独的房间。小办公室内置一张大的单人折角办公桌,桌上放了一台台式机、一台笔记本电脑、纸笔、手机、电话等全套的办公场所设备,另外一张桌子上放了一台打印机、一套茶具以及一些报纸书籍,房间内还放置了一些沙发和矮凳,供其他职员来这里交流时坐下。

图9-12　小会议室

图9-13　小办公室

接下来设计第二个办公室,其是位于办公楼南侧的边角办公室,面积为 75～90 m²(在一二层面积会更大一些,三四楼与连廊相接部分面积也会更大一些)。房间在两个方向都有极好的采光。这个位置的办公室在三四楼时,拐角处是一块完整的玻璃幕墙,因此对于不同的楼层进行了两种不同的调整。先来介绍共同的地方。首先在进门处的位置放一张矮桌和一个书架(图 9－14),这里可以添加很多细节道具构件,包括书籍、打印机、储物箱、黑板、挂画等,以达到闲适的效果;办公室的剩下部分用屏风或立式书架进行隔断,隔断的里侧的布置为两张长沙发以及一张小沙发,一块地毯,一张矮桌和一些茶具(图 9－15)。这里是用来休息以及谈判的地方,当然也可以在这里进行办公。对于隔断的另一侧,不同楼层有不同布置。对于非玻璃幕墙的楼层,布置的是一张 3 人长条办公桌(图 9－16),桌上的布置与普通办公桌相同;而对于玻璃幕墙的楼层,因为其采光率极佳,所以选择再布置一个沙发角落(图 9－17),用来供员工休息和交流,隔断也换为了日式屏风。除此之外,在三四层与连廊相接的此办公室部分,会多出约 15 m² 的面积,因此在这里布置了两张大办公桌(图 9－18),可容纳 8 个人的工位。对于一二层的该房间,由于建筑外墙原因,有一块斜墙部分,将不合适的构件进行删改,重新调整现有构件的位置,以适应该房间的形状(图 9－19)。

图 9－14　进门处位置

图 9 - 15   内侧沙发

图 9 - 16   长条办公桌

图 9 - 17   外侧沙发

图 9-18 连廊侧大办公桌

图 9-19 一二楼斜墙

第三个办公室与第二个办公室相连,位于南侧每层的中部(三四五楼),房间面积为 75.7 m²。该房间的布置由三个部分组成。第一部分是靠墙的书架部分(图 9-20),主体是两个立式书架,书架背后的墙面上贴斜纹海报做背景。为了不产生眩晕感,同时在斜纹海报上张贴明信片、海报等图案,使书架背景看起来更具有设计感。书架上摆放的物品除书籍外还有相框、帽子、皮包、颜料、刷子、储物盒等小构件,摆放时注意空间位置不要有拥挤的感觉。第二部分是两张大办公桌(图9-21),可容纳八个工位,与两个书架位置刚好对应,办公桌上同样摆放了水杯、笔筒、手机、纸笔等构件(图9-22)。第三部分是休息及打印的部分,摆放了一张沙发、一张矮桌及一些茶具,还有打印的电脑桌和彩色打印机(图9-23)。此办公室的主要用途就是个人办公,交流商谈的功能小一些。

图 9-20 书架

图 9-21 大办公桌

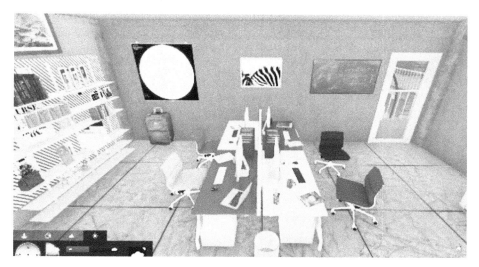

图 9 - 22　办公桌摆设

图 9 - 23　打印机及沙发

第四个办公室与楼梯间相接,将此办公室的功能定位为影音娱乐。该房间面积为 55.9 m²,只有一侧有三扇窗户(图 9 - 24),自然光源较少,比较适合播放影音和用来娱乐。房间内的陈设主要也是三个部分(图 9 - 25)。第一部分是离窗户最远处的多媒体设备,包括一台电脑、一个大显示器和一个投影仪等;第二部分是靠近内墙的两张长沙发、一张小圆桌及一些茶具,供休息时使用;第三部分是中间的一张大桌子、八把椅子以及靠近窗户的一张游戏桌,供桌游玩耍、游戏娱乐。必要时该房间也能作为会议室来使用。除这几部分外房间内也陈设了一些挂画和植物。

图 9 - 24　影音室采光

图 9 - 25　影音室陈设

第五个和第六个办公室在连廊处。第五个是连廊两侧的小办公室（图 9 - 26），面积为 55.6 m²。该办公室由两个部分构成：两张大办公桌、一个资料角。这间办公室的主要功能是存放资料、打印资料，为旁边的会议室服务。第六个办公室为连廊中部的大会议室(图 9 - 27),面积约为 73 m²,房间内的主要陈设为中心的一张大办公桌和围绕着它的十二把椅子,一台巨大的挂在墙上的显示器,一台台式机,一个投影仪,以及周围一圈的椅子(二十多把)。该房间最多能容纳三十多人同时开会,同时也是存放椅子的地方。

图 9 - 26　连廊小办公室

图 9 - 27　连廊大会议室

　　在每种类型的房间布置都设计好之后,需要将这些房间的布置复制到其他结构相似的房间里。Lumion 中的构件选择和拖动操作是十分不方便且麻烦的,这里需要将制作好的房间编辑成组,保存为一个组文件(格式为 lsg9),如图 9 - 28 和图

9－29 所示。然后将镜头移动到需要布置的房间,载入该组,对位置进行调整。组的位置安置妥当后,有时需要对组内构件进行微调,此时可以选用编辑组的方式。编辑组中可以移动、旋转、放缩和删除构件,但无法添加构件。当需要添加构件时,需要先解组,修改编辑房内构件,且最后最好能再次成组,以便对其他房间编辑时不会误选。

此外还需注意的一点是,Lumion 中的位置编辑工具只有移动、旋转和放缩,没有对称、对齐等辅助位置工具,因此在结构对称的房间里,还需重新布置内景,然后保存成组,最后应用到其他楼层。

图 9－28　一个房间的组

名称	日期	类型	大小
70m²办公室沙发脚.lsg9	2020/5/9 23:25	Lumion LSG9	361 KB
边角70m²办公室柜台.lsg9	2020/5/10 3:28	Lumion LSG9	297 KB
茶水间 卫生间.lsg9	2020/5/11 5:10	Lumion LSG9	283 KB
大办公室办公桌.lsg9	2020/5/9 23:33	Lumion LSG9	870 KB
大办公厅大办公室（左）.lsg9	2020/5/10 15:35	Lumion LSG9	1,015 KB
大办公厅大办公室.lsg9	2020/5/10 2:08	Lumion LSG9	991 KB
大办公厅会议室.lsg9	2020/5/10 0:14	Lumion LSG9	303 KB
大办公厅小办公室.lsg9	2020/5/10 0:12	Lumion LSG9	348 KB
大办公厅资料角.lsg9	2020/5/10 0:18	Lumion LSG9	758 KB
大办公桌（4人）.lsg9	2020/5/10 3:03	Lumion LSG9	406 KB
二楼自由活动区.lsg9	2020/5/11 2:43	Lumion LSG9	342 KB
连廊办公室.lsg9	2020/5/11 1:56	Lumion LSG9	1,207 KB
连廊会议室.lsg9	2020/5/11 1:49	Lumion LSG9	345 KB
门禁.lsg9	2020/5/11 2:49	Lumion LSG9	196 KB
四楼左角办公室.lsg9	2020/5/10 23:17	Lumion LSG9	460 KB
五楼左角.lsg9	2020/5/10 23:39	Lumion LSG9	636 KB
影音室.lsg9	2020/5/11 1:07	Lumion LSG9	295 KB

图 9－29　组文件列表

办公室内景布置完成后,再对卫生间和茶水间进行布置。茶水间(图9-30)中放置了一组橱柜:热水器、咖啡机、榨汁机,以及一套茶具和餐盘等厨房用具,茶水间的功能是为楼内的员工提供一个打水、拿杯具器材的地方。卫生间(图9-31)的构件主要来自 Revit 的构件库,Lumion 中并没有合适的构件。主要包括马桶、卫生间隔断、小便池、小便池隔断、镜子、洗手池、柜子等。在 Lumion 中载入这些构件后,对不满意的材质可以重新进行选择。

图9-30 茶水间

图9-31 男卫生间

在卫生间部分,另外一个特别重要的是对镜子反射的调整。由于载入一个镜子的构件后,无法在 Lumion 中实现实时的镜面反射,因此首先需要对镜子的材质进行编辑。点选镜子,选择任意一种玻璃材质,玻璃的参数设置为:着色、反射率、双面渲染及光泽度调至最高,内部反射、不透明度、结霜量、视差调至最低。此时镜面依旧无法展示出镜面效果,还需在渲染过程的特效中加入反射特效,然后选择编辑平面,将镜面平面添加进去,最后就能在渲染的图片或视频结果中显示出镜面的效果。

接下来对办公楼内其他的空间进行布置。首先很容易注意到办公楼的南大门一进来就是一个空旷的大堂。A2 的两部分建筑里都有一个巨大的天井,拥有极好的光照,因此考虑在天井处设置一个室内动景。Lumion 的特效构件中有各种喷泉构件,因此在办公楼内设置一个水景会是一个不错的选择。由于未在 Lumion 以及 Revit 的构件库中寻找到合适的喷泉池构件,考虑到该构件的形状并不是特别麻烦,因此选择在 SketchUp 中自己绘制一个(图 9 - 32),并将其保存为 skp 文件,可以由 Lumion 直接读取。但需注意 skp 文件的格式不能太高,因为 Lumion 9.0 可以读取的范围为 skp2013—skp2018。添加喷泉池以及池中的水两个构件后,分别为其设置材质。喷泉池的材质设置为大理石,水的材质设置为海水。值得注意的是,此处的水也能通过编辑地形中的水来实现,但使用这种方法水平面之下的部分都会浸泡到水中,对于有地下室的 A2 楼十分不便,因此还是推荐添加构件再修改材质这种方法。

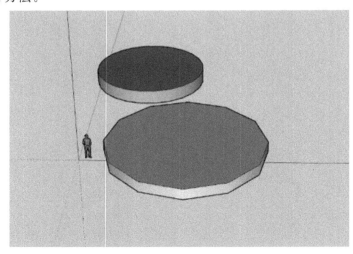

图 9 - 32　喷泉池的绘制

考虑到这是一个直通五层的天井(图 9 - 33),在此处的布置期望能尽可能地增强竖向纵深感,给人以宏大开阔的感觉。在喷泉池中添加喷泉特效,通过修改其流水角度、水压等参数,使其喷射高度更高,但水流都落在喷泉池内。调整后喷泉的高度在 6 m 左右,到达了二楼的底板。同时在 Lumion 中搜寻比较高的景观构件,最终选取了棕榈树和高路灯,其高度都在 10 m 左右,超过了三楼的底板。选择路灯的另一个原因是在夜晚灯光效果下给喷泉打光,否则喷泉的水流很难显现出来。大堂中同时也设置了饮料自动售货机、ATM 机、垃圾桶等构件。

图 9 - 33　天井设计

办公楼的南大门没有设置在楼的正中央,而是偏向一侧设置的。因此考虑在楼的中央处做一个小隔断:大门的一侧做一套门禁设备(图 9 - 34),另一侧作为休息区。门禁由四个探测器以及一些围栏条组成,是南大门进入的唯一入口。隔断由不到 2 米的木栅栏组成,休息区(图 9 - 35)一侧中心放置一张环形椅,中间放置一棵树。用木质屏风和告示牌简单分割天井与此休息区,休息区内有两张高桌、数把高椅、三张小沙发、一些矮桌、一套橱柜以及一些矮凳。

图 9 - 34　门禁设备

图 9 - 35　门厅休息区

　　此办公楼里最后一个需要留意的空间就是二楼的平台部分，它位于一楼门禁和休息区的正上方。二楼的这部分空间，将其主要设定为工作讨论及休息的区域。这是一个没有墙的开放区域，视野十分开阔，向内能看到楼内的喷泉和棕榈树，向外能透过大大的玻璃幕墙看到外面的街道环境。因此在这部分设置了三组小桌椅（图 9 - 36），一组沙发桌和一组大桌椅，一架钢琴和两套打印设备（图 9 - 37）。为了增添二楼交流区活跃开放的环境气氛，三张小桌分别采用了红、黄、蓝的颜色，配套的椅子也采用了不同的样式和颜色。放置两套打印设备一方面是为了方便讨论区中工作成果的及时输出；另一方面是二楼南侧另外两个办公室内没有打印机，可以来此处打印。

图 9 - 36　三原色桌椅

图 9 - 37　打印设备

地上部分的家具摆放完成后,开始对地下室部分进行设计。地下室共两层,第一层是普通地下室,第二层是有一个人防密闭单元的人防地下室。地下室需要的构件主要有停车位、减速带、车辆以及各种有特殊要求的门(特别是人防单元)。停车位以及减速带构件能在 Revit 的构件库中找到,原始图纸中有停车位的位置图,在量取其尺寸后,编辑族类型得到需要的停车位实例,在 Revit 平面视图中进行绘制,同时将减速带添加至适当的位置。在这之后就是对各种各样的门的添加。在普通地下室中,主要应用的是甲级或乙级防火门或者防火卷帘门(FM、FJM);在人防地下室中,除了防火门之外,更多的是钢筋混凝土单扇防护密闭门(HFM)、钢筋混凝土活门槛单扇防护密闭门(HHFM)、钢筋混凝土活门槛单扇密闭门(HHM)、钢筋混凝土单扇密闭门（HM）、悬摆式防爆破活门（HK）这样的构件（图 9-38）。在 Revit 构件库中寻找族类型，编辑参数，将门安装到合适位置。之后在 Fuzor 中漫游时会看到这些门的样式和打开方式都非常不同。这些各种各样的门也形成了一个完整密闭的人防单元。车位、门这些都添加完成后，再从 Lumion 中添加了一些车辆构件。Lumion 中的车辆样式和种类十分丰富，模型很真实，且能够自由调节颜色。最后，对地下室的墙体材质进行编辑，为了和深色的地面颜色形成对比，墙体选用了较浅较暖的黄白色（图 9-39）。至此地下室的设计就完成了。

图 9-38 地下人防门

图 9-39 地下室布景

办公楼的内景至此基本上就已经全部设计完成了。此办公楼选择添加天花板吊顶，由于 Lumion 的构件库中没有天花板构件，因此在构件坞中找到了一些种类的天花板,经过仔细的比选,观察实际效果后,最终选择了两种类型的天花板,一种是铝扣板吊顶(图9-40),它可以调整总长宽度、单根宽度、间隙等多种参数,自由度很高;另一种是普通的1.2 m×1.2 m的方形天花板(图9-41)。在大办公室、连廊部分采用方形天花板,在南侧的办公室以及地下室采用铝扣板吊顶。天花板的高度,在不同层、不同位置都不同,主要是依据梁的高度,即天花板尽量能遮住室内所有的梁。二到五楼各种办公室其高度主要是3~3.2 m;一楼较高,天花板的设置高度为4 m;地下室一层也较高,天花板的设置高度为4.5 m;地下室二层较矮,但梁很高,因此有些梁无法全部遮盖住,天花板的设置高度为3 m。

图9-40　铝扣板吊顶

图9-41　方形天花板

　　天花板设置完成后,开始进行灯光的设计,这是室内设计的最后一步。Lumion 中的灯光分为三类,分别是聚光灯、点光源和区域光源。点光源是一个点向所有方向发出光的光源,在该办公楼的设计中没有应用的地方;聚光灯是一种具有方向性和范围性的灯光,主要应用到大堂中的路灯以及一些室内布置中有台灯等灯具的地方,使用情况也不多;在此办公楼中用到最多的是区域光源。区域光源又有两种:范围光源和带状光源。根据不同的天花板选择不同的光源。使用正方形天花板的选用范围光源,光源刚好也是一个边长为 1 m 的正方形,光的照射方向为向下,可以在天花板上选取一些块来放置光源。使用铝扣板吊顶的选择带状光源,光源的带状方向与吊顶的铝扣板方向相同,于缝隙处能够观察到光源的存在。在光源的位置确定之后,还要编辑一些参数,包括颜色、亮度、衰减速度,以及是否显示光源和是否只在夜晚开启(图 9-42)。如果不选择显示光源,灯光是无法被看见的。因此所有灯光都选择了显示光源,在地上部分灯光选择只在夜晚开启,地下室部分灯光选择全天开启。最终灯光图层效果如图 9-43所示。

图 9-42　灯光参数

图 9-43　灯光图层效果

　　灯光设计完成后,该办公楼的所有室内设计工作就全部都完成了。

9.3　环境设计方案

　　在原始图纸资料中,A2、A4 楼是作为 A 组团的一部分给出的。全部的 A 组团共包括六栋建筑,A2 位于 A4 的南部,两栋楼之间有一条马路,另外几栋建筑在 A2、A4 的周围。根据原始图纸,再结合 A2、A4 楼都是办公楼的功能设定,在模拟 A2、A4 所处的环境时会很容易联想到城市公路的环境。Lumion 中提供了一些建筑构件、铁路构件,但没有公路构件,因此需要在别的地方绘制一个公路环境。环境设计首先想到的软件就是 SketchUp。在 SketchUp 中绘制一个简单的公路环境(图 9-44),A2 的南侧为一条主干路,北侧与 A4 间有一条公路,道路旁有一些路灯和树木,以及一些简单的装饰。将该公路环境导入 Lumion 中,可以借助 Lumion Livesync for SketchUp 这个 SketchUp 的扩展程序,与 LiveSync for Revit 同理,实现 Lumion 和 Sketch Up 的联动。

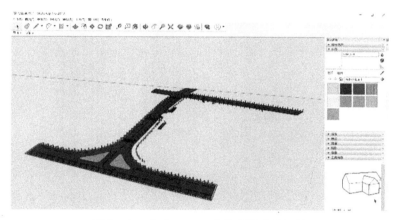

图 9-44 在 SketchUp 中绘制的公路环境

在公路场景载入放置妥当后,在 Lumion 中继续对场景环境进行编辑。首先填充道路的两侧,以 Lumion 中的建筑构件为主,同时辅以植物的场景绘制(图 9-45)。添加的建筑有厂房、公寓楼、办公楼等。Lumion 中的建筑没有三维质感,完全是在立方体上贴膜构成的,特别是高层公寓楼,无法进行细节展示。而植物却有较好的体现,除路旁的树之外,还添加了灌木丛作绿化带,建筑附近添加了高大的乔木,在 A4 的西侧添加了一个树林。路上添加了一些汽车构件。A2 和 A4 东侧的厂房和高楼利用院墙做了一圈围挡,用栅栏做门,在后面的外景视频制作中将这部分作为 A2 和 A4 的引入点。图 9-46 和图 9-47 为环境效果展示。

图 9 - 45　Lumion 中建筑环境编辑

图 9 - 46　路旁绿化带

图 9 - 47　A2 楼南面场景

9.4　漫游动画制作

建筑的内景和外景全部布置完成后,开始进行输出。Lumion 的主要输出方式为渲染图和漫游视频,特效效果一共有 63 种,其中有 10 种只能用于视频输出。特效分为七类,分别是:光与影(太阳、阴影、反射、体积光等)、相机(手持相机、曝光度、景深、色散等)、场景和动画(移动、时间扭曲等)、天气和气候(真实天空、雾气等)、草图(绘画、漫画、水彩等)、颜色(颜色校正、锐利、饱和度等)、其他(图像叠加、标题、声音等)。软件也预设搭配了八种风格,包括真实、室内、夜晚等。但若想达到预期的效果,还需自定义特效效果。

在大量的尝试和调整下,最终形成了基本固定的风格参数。在室外情景下,通常会搭配 10～13 种特效,常用的特效包括真实天空、太阳、阴影、锐利、两点透视、曝光度、颜色校正等(图 9-48)。而在室内情境下,通常会在室内风格的特效基础上,添加两点透视、真实天空和太阳状态,同时对颜色校正进行调整,将温度和亮度调低一些,增加一点对比度,为的是和办公楼的功能更加搭配(图 9-49)。

图 9-48　室外场景特效设置

图 9 - 49　室内场景特效设置

　　风格参数确定好之后,开始漫游镜头的编辑。Lumion 中视频的制作主要是通过不停移动镜头,截取关键帧的方式,软件会按最短路径和最小的镜头摇动幅度来补充两帧的中间过程。两帧之间的时间基础值是 2 s,如果移动距离过远会略微增加。Lumion 的漫游视频制作十分简便,但由于操作过于简单,不可避免会产生一些问题。比如在进入侧方位的门时,必须在正门口处添加镜头正对门的一帧(图 9 - 50),不然在动画补足后会出现直接从墙体中穿过的情况;而这样加帧,又会使视频的节奏忽快忽慢。为了解决这个问题,可以将导出的视频用视频剪辑软件(PR)进行剪辑。

图 9 - 50　门口的帧

Lumion 的剪辑区可以同时添加多个镜头，可以给每段镜头视频添加一个特效。当点击最后的绿色按钮渲染时，默认的是对之前的全部视频进行渲染，最终得到一个视频。为了避免这种情况，最好是点击每段视频上方的渲染按钮进行渲染，将导出的不同段视频用其他方式结合在一起。此外，之前就讲到有 10 种特效只有漫游视频才能应用，比如说移动特效（图 9-51），可以在视频镜头中选择一辆车构件，在特效中编辑其移动的距离和方向，最后在动画播放时车就有了移动的动作。这些特效动作可以丰富 Lumion 的漫游素材内容。

图 9-51　视频移动特效

视频输出时需要选择输出品质、帧数和像素的大小。综合考虑渲染所花时间和所需要的视频品质，选择的视频输出格式为三星品质、每秒 30 帧输出、以及全高清 1920×1080。这种品质的输出，1 min 视频大约需要 3 h 左右的渲染。在经过几个晚上的视频渲染后，基本上得到了所有镜头素材（图 9-52）。之后用 PR 对这些视频素材进行剪辑（图 9-53），配上合适的背景音乐，加上字幕和备注，就得到了最终的漫游动画视频。

漫游视频 2.0.m4v.xmp　漫游视频 2.0.m4v.xmpses.xmp　漫游视频 2.0.m4v.xmpses　漫游视频 2.0.m4v　大堂.mp4　地下一层.mp4　二楼大厅.mp4

连廊.mp4　漫游.mp4　漫游 21.mp4　人防.mp4　四楼办公厅厅.mp4　外景 1.mp4　外景 2.mp4

五楼中间小办公室.mp4　小办公室.mp4　最高输出.mp4

图 9-52　导出的视频素材

图 9-53　PR 漫游视频剪辑

第十章　Fuzor 软件 4D 施工模拟基本操作应用

10.1　Fuzor 软件介绍

Fuzor 是一款功能强大的 BIM 软件。在设计方面,与 Revit、ArchiCAD 等建模软件的实时双向同步(图 10-1)是 Fuzor 独有的突破性技术,其对主流 BIM 模型的强大兼容性为 AEC(建筑、工程和施工行业)专业人员提供了一个集成的设计环境,可以实现工作流程的无缝对接。在 Fuzor 中整合 Revit、SketchUp、Autodesk FBX 等软件的不同格式的文件,然后在 2D、3D 和 VR 模式下查看完整的项目,并在 Fuzor 中对模型进行设计优化,最终交付高质量的设计成果。

图 10-1　Fuzor 与 Revit 的接口

在建造方面,Fuzor 包含 VR、多人网络协同、4D 施工模拟、5D 成本追踪几大功能板块。可以直接加载 Navisworks、P6 或微软的进度计划表,也可在 Fuzor 中创建,还可以添加机械和工人,以模拟场地布置及现场物流方案。最后还可以在 VR 中查看 4D 施工模拟及相关 BIM 信息,能帮助提高管理效率,缩短工期,节约成本。在本项目中主要用到的是它的 4D 施工模拟功能(图 10-2)和 EXE 文件输出功能。

上面已提到,Fuzor 能够和 Revit 实现双向同步。安装 Fuzor 后,Revit 里会自动产生一个插件接口,点击即可将 Revit 模型导入 Fuzor,十分方便。通过此插件,可以在 Revit 中控制 Fuzor 中的视图转化,在 Revit 中对模型进行任何编辑都能在 Fuzor 中同步更新展示。同时此"LiveLink"命令的信息传递是双向的,在 Fuzor 中选中构件可以在 Revit 中同步显示选中,可以调取 Revit 模型中的材质库及族库对相应的模型进行参数化编辑。

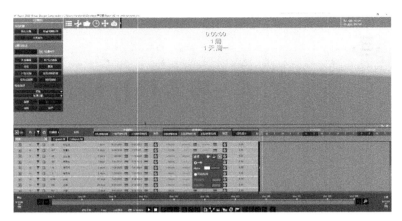

图 10 - 2　Fuzor 4D 施工模拟操作界面

10.2　场地平面布置及施工流程

在 Fuzor 中进行 4D 施工模拟,除建筑信息模型外还需要获取施工场地平面布置及施工进度计划。

1) 施工场地概况

原场地以耕地为主(图 10 - 3),部分区域存在池塘(主要为 A - 1 办公楼区域),填土承载力较低,为防止桩机下沉过大影响基桩的施工,建议对上部的素填土进行改良或上部铺填较小的建筑垃圾,以保证桩机正常施工。其余区域场地地形较为平坦,适宜施工。

图 10 - 3　原场地情况

根据建筑设计院的规划图纸（图 10-4），A-2 办公楼南侧距离场地外道路较近，且与 A-3 办公楼同时处于在建状态；A-4、A-5 办公楼处于待建状态，且 A-4 办公楼东侧为绿化区域。

图 10-4　建筑设计院的规划图纸

2）部署原则

考虑到本工程场地南侧及东侧用地红线距地下室边线较近，因此在 A-2、A-3 办公楼与 A-4、A-5 办公楼间布置一条"L"形施工道路，施工道路宽 6 m。将场地东北侧规划为绿化区域，在施工阶段用于布置员工宿舍与办公区域，施工道路一侧布置原材料加工与堆放区域。项目进场后将最大限度利用场地可利用面积，同时优先考虑现场的硬化、绿化、环保（防尘、降燥）及现场管理。部署原则如下：

① 现场平面布置根据工程施工进度进行调整，每阶段的平面布置与此阶段的施工重点相适应。

② 着重加大现场环境保护与文明施工力度，保证现场时刻处于整洁、卫生、合理有序的状态，确保本工程成为名副其实的环保节能绿色建筑。

③ 符合现场卫生、防火等要求。

3）材料加工区间布置

① 钢材加工区：在施工场地西北方向设置钢筋加工区，加工区的占地面积约为 378 m²，分为加工区间、钢筋存放区间与钢管存放区间（详见施工场地平面布置图）。加工区结构采用敞开式，顶棚采用 3 号普通钢管，规格为 $\phi 60$ mm×3.5 mm，

棚顶为拱形设计,最高点距地面 5 m。

② 木材加工区:木材加工区位于钢材加工区南侧,紧靠施工道路北侧。其中,木材堆场平面尺寸为 9 m×15 m,木工工棚平面尺寸为 4.5 m×9 m。

③ 砂石加工区:砂石加工区紧靠木材加工区,两者设置在一个敞开工棚下,工棚采用"彩钢板＋轻型钢"形式,与钢材加工区相同。砂石堆场平面尺寸为 4.5 m×9 m,搅拌站平面尺寸为 9 m×15 m。

4)安保措施

① 建立门禁制度,出入口设立值班室,所有施工人员均需遵守打卡出入制度;对外部来访人员进行登记;禁止无关人员进入施工现场。

② 沿现场围墙布置红外线探头设备,设置监视用房,派人 24 h 值班监视,防止外界人员沿围墙进入现场,以保护各单位材料、设备及成品安全。

③ 疫情期间,做好施工人员体温检查与登记,并在出入口、公共区域设置消毒设施。

5)绿色施工措施

① 扬尘控制措施:做好施工场地表面硬化处理;对散体材料进行绿色密目网覆盖,尽量减少场地材料露天存放;出入口设置冲洗车辆设施;沿施工场地主干道设置喷雾式除尘设备,并及时进行洒水除尘。

② 噪声控制措施:钢筋、木工加工区外设置围挡结构,塔式起重机工作时采用对讲机传达指令,泵车位置尽量布置在远离居民区一侧。

③ 雨水、污水处理措施:施工现场设置沉淀池、雨水回收系统等,实现水资源重复利用。

④ 施工废弃物处理措施:土方运输采用封闭式渣土车,建筑垃圾集中堆放于建筑垃圾存放点,高空垃圾采取密封吊装与运输,同时做好有毒废弃物的处理。

6)施工场地水电与照明布置

① 业主提供市政水源,并安装水表接通。沿施工道路敷设 DN50 给水干管。给水干管采用镀锌钢管埋地敷设,敷土深 70 cm。

② 场地东南侧施工道路一侧设置配电室;电气设备和线路必须绝缘良好;临时用电采用线缆高挂离地敷设;用电设备要"一机、一闸、一漏、一箱";按规定对电动机械进行检查;非电工严禁接线和拆装保险丝;正确使用漏电保护器。

③ 施工现场平面照明采用 1 000 W 高压镝灯,串联于配电间专用回路,灯具安装在施工塔吊上及建筑转角处,加工场地采用 GYZ250W 自镇流荧光高压汞灯。

7)工期目标

本工程 A－2 办公楼工期目标为 425 天,力争提前。

8）进度计划

本工程A-2办公楼的施工进度计划安排表上总工期为421天,公寓楼的合同工期为425天,多余4天由项目部根据实际情况机动安排。

项目开始于2020年5月6日,完成于2021年6月30日,总工期为421天,采用流水施工,项目施工关键节点如表10-1所示。

表10-1　施工进度计划

序号	施工关键节点	开始时间	结束时间
1	施工准备	2020年5月6日	2020年5月20日
2	围护工程	2020年5月21日	2020年8月8日
3	地下结构	2020年8月9日	2021年1月5日
4	主体结构施工	2021年1月6日	2021年4月4日
5	连廊施工	2021年1月7日	2021年2月25日
6	屋面工程	2021年4月21日	2021年5月30日
7	砌体工程	2021年3月16日	2021年4月14日
8	装修工程	2021年4月28日	2021年6月16日
9	水电工程	2020年5月21日	2020年6月6日
10	竣工验收	2021年6月17日	2021年6月30日

10.3　地上主体部分施工动画制作

在确定好场地平面布置及施工流程之后,就可以使用Fuzor的4D施工模拟功能进行施工动画的制作了。基本的操作顺序为:添加一个任务,标注其起止时间,然后给这个任务选中模型中相对应的构件。任务类型有生长任务、机械任务、拆除任务、临时任务和分段任务。

由表10-1可知,上部主体结构的施工是从2021年1月6日开始的,到2021年4月4日结束,共89个工作日。在施工进度计划中,每一层的施工按照弹线、柱筋绑扎、梁板支模、混凝土浇筑、混凝土养护的顺序进行,但在施工动画中,并没有柱筋这样的构件,无法按照这样的顺序来进行演示。因而在每层总工期不变的情况下,选择先柱后梁板的顺序进行建筑生长动画的演示。比如第一层共18个工作日,柱生长9个工作日,梁板生长9个工作日,如此安排。主体结构部分全部为生长任务,连廊区域结构、屋面工程、砌体工程同理,都是生长任务。

在给任务选择构件时,常常会遇到一些问题。比如选择一层的柱时,常规操作是选中一层的某一根柱子,然后点击同层同类型构件,就会选中一层所有的柱子。当出现某根柱子没有被选中时,可以补选上;当出现某根柱子从一层通向二层时,说明该构件在 Revit 中便是如此,需要在 Revit 中做出修改;而当出现选中了所有楼层的所有柱子时,这时需要用到过滤器这个功能(图 10-5)。过滤器中有多种过滤方式,如参数、类型(材质)等。在如前面提到的情况下,显然用材质无法筛选出想要的柱子,这时使用更多的是参数条件。可以点击第一层中的一根柱子,看该柱子有哪些参数信息,哪些信息是可以用来和其他层的柱子作出辨别的。通常能找到顶部高程的信息,加入该条件,就可以成功筛选出需要的柱子。

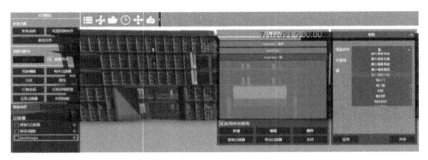

图 10-5 过滤器功能

施工进度计划中对砌体工程和脚手架的时间安排相对粗糙,只是给了一个整体的工期时间。若在施工动画中也这么展示,会使人产生五层楼同时开始墙面及脚手架生长的错觉。该问题唯一的解决办法就是将工作任务细化,加入每层楼的砌体工作和脚手架工作起止时间,这样才能展示正常的施工生长状态。但另外的,对于比如说三块玻璃幕墙板先后安插进墙体的动画展示,就不需要这么麻烦了。这里需要用到的功能是动画编辑(图 10-6)。

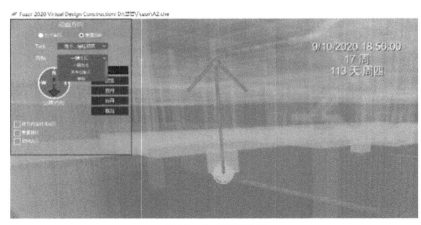

图 10-6 动画编辑

默认情况下,所有任务里构件的生长方式都是一端生长,但很多构件的实际发展过程并不是这样,比如门窗的安装、幕墙的安装等。如果想改变其动画演示方式,那么选中该任务,点击"动画编辑",会给出三个动画选项:一端生长、中心生长和移动。对于安装动画选择移动,可以在三个维度上调节构件安装时的初始位置,点击应用即可获得安装的动画模式。当想对多个构件进行顺序动画演示时,可以先选中这几个构件,将其编组。在 Fuzor 中选中该组,编辑组内动画,勾选"交错动画"的选项,依次点击组内的几个构件,这个顺序就是之后它们生长的顺序。

前面讲到在 Fuzor 的 4D 施工模拟中除了生长任务还有拆除任务、机械任务等。在本项目施工动画的制作中,这些任务也都有使用。拆除任务应用在外部脚手架的拆除上,操作过程和新建任务相同,在动画演示中体现为构件逐渐消失的过程。机械任务是 Fuzor 施工动画的亮点。Fuzor 有一个丰富的材质库,库中有非常多的机械构件(图 10-7),还有人物构件。工程机械构件有塔吊、吊车、卡车、铲车等,每个机械设备都有很多可以调整的参数,比如塔吊的高度、吊钩深度、吊钩位置、旋转角度等。对这些参数进行调整,截取帧,可以制作此工程机械的工作动画(图 10-8),而只想将该动画载入 4D 施工模拟中只需要添加一个机械任务,将此工程机械加入任务中,然后点选此机械,制作机械工作动画即可。如果是此机械的常规任务,还可以在动画处点选"循环"按钮。

图 10-7 机械材质库

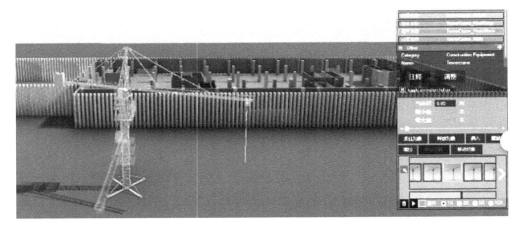

图 10 - 8　施工机械动画

Fuzor 中的机械动画不仅是一个示意,而且是真正可以与建筑模型的构件进行交互的过程展示。这个动作是一次性的,因此需要添加两个任务,一个是上面介绍过的机械任务,另一个是临堆放时任务。临时堆放任务的起止时间要和机械任务相同。添加一个临时堆放任务后,就会出现一个小位置标记,标记的地方就相当于一个临时堆放区。此时可以将模型中任一构件暂时移至此处,对机械制作施工动画,让机械与堆放区的构件相接触,增加一帧动画,在此帧处点选"抓住对象",建立起构件与施工机械间的联系,然后机械继续移动至构件能安装的位置,加一帧动画,选择"释放对象",释放回原始位置。这样一个施工机械安装构件的动画过程就实现了。

最后,Fuzor 可以把同步的模型文件导出成一个可独立运行的 EXE 施工进度模拟动画文件,供项目负责人直接打开观看审阅,并且还可在文件里面直接对模型进行标注。除模拟计划进度的情况,它也能加入实际进度情况进行对比,为调整施工进度提供直观的参考。除了时间上的进度变化外,还能看到成本的变化情况,包括设备成本、材料成本、人工成本和总成本,为业主的成本控制提供更佳的参考。同时,也可以将此文件交付给业主,业主利用此 EXE 文件可以查看即将落成的实体建筑,对不同方案阶段的模型根据自己的实际功能需求进行标注,待业主审阅完毕后可以直接将这些信息传输给设计师进行优化设计。

地上结构施工阶段关键时间节点效果图如图 10 - 9 所示:

（a）一层梁板柱结构施工

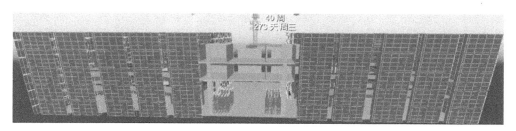

（b）连廊施工与主体结构外脚手架搭设

（c）砌体工程

（d）装修工程

图 10-9　地上结构施工阶段关键时间节点效果图

10.4　地下结构部分施工动画制作

将基坑支护的 RVT 文件与建筑模型文件相结合,同样可以实现合模的过程。该过程需要一个基坑支护的定位图。因为基坑开挖的位置是 A - 2 楼和 A - 3 楼,所以在 A - 2 楼地下室的西侧只有坑而没有地下室。通过上部结构的施工动画制作,基本上已经熟悉 Fuzor 的 4D 施工模拟该如何进行操作了。基坑支护部分最主要的是对地下工程施工流程的学习。

土方开挖及基坑支护搭建是一层一层进行的。具体的流程为:施工搅拌桩、支护桩、工程桩、立柱桩、降水井→土方开挖至第一层支撑底→施工第一层支撑及冠梁→待第一层支撑达到设计强度 80% 后,土方开挖至第二层支撑底→施工第二层支撑及围檩→待第二层支撑达到设计强度 80% 后,土方开挖至基坑底→施工底板、承台。至此基坑支护部分的工作就已完成,接下来是地下室的建造。地下室建造的过程是与拆支撑的过程相结合的:建好地下室底板后拆掉第二层的支撑,然后建造地下二层的柱、墙、梁、板;梁板建好后拆掉第一层的支撑,然后建造地下一层的柱、墙、梁、板等结构。至于土方开挖的实现,是在 Revit 的体量和场地中,建立几个不同高程的场地模型(图 10 - 10),在 Fuzor 中执行到土方开挖步骤时,使用拆除任务将该地形除去,同时加入挖土车、运土车的动画,模拟土方开挖的过程。

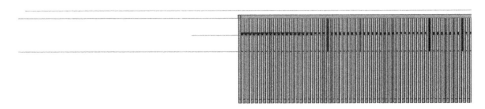

图 10 - 10　不同高程的场地模型

基于 Fuzor 软件模拟基坑施工过程,其关键节点效果图如图 10 - 11 所示:

（a）下支护桩

（b）第一层支撑结构浇筑

（c）第二层支撑结构浇筑

（d）底板与承台施工

图 10 - 11　基坑施工过程关键节点效果图

A - 2 办公楼人防地下室施工关键节点效果图如图 10 - 12 所示：

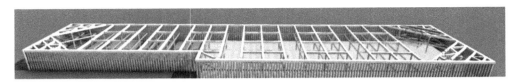

（a）地下二层底板施工

（b）地下二层柱墙施工

（c）地下一层梁板施工

（d）地下一层柱墙施工

（e）顶层底板施工

图 10-12　A-2 办公楼人防地下室结构施工关键节点效果图

第十一章　案例分析——南京江北新区某项目

11.1　项目简介

南京江北新区某项目(图 11 - 1)占地面积约为 5.96 万 m²,总建筑面积约为 23.25 万 m²,是以设计为龙头的 EPC(Engineering Procurement Construction)管理项目,其中,项目 3 号楼采用了装配式组合结构,12 号楼社区服务中心采用了装配式木结构体系。项目全过程依托 BIM 模型和 BIM 管理平台,并应用 BIM 对装配式构件设计、生产、加工过程进行优化和跟踪管理,以提升项目设计和工程建造质量。

图 11 - 1　南京江北新区某项目

11.2 项目 BIM 应用策划

11.2.1 项目 BIM 整体应用策划

因为该项目采用了 EPC 管理模式,所以策划全过程应用 BIM 提升项目质量,表 11-1 为项目 BIM 技术应用点策划:

表 11-1 项目 BIM 技术应用点策划

BIM 应用阶段	BIM 应用单项
策划阶段 BIM 应用	设计协同平台搭建
	项目 BIM 应用导则、BIM 模型标准编制
设计阶段 BIM 应用	模型搭建(持续更新维护)
	碰撞检查
	管线综合净高分析
	预留洞核查
	精装修模型优化及可视化
	工程量清单表
	管线综合出图
	BIM+PC 预制构件设计(预制构件统计及拆分、设计优化、装配率计算等)
	性能化分析(光环境、风环境、室内环境等)
	VR 可视化应用(景观、室内)
	外挂墙板的结构设计(抗震模拟)
施工阶段 BIM 应用	施工 5D 管理平台的搭建
	施工模型深化、构件模型深化
	施工现场 BIM 三维交底
	施工进度模拟
	施工吊装模拟
	构件堆积排布
	基于 5D 平台的施工管理(现场进度管控、质量安全管控、巡检核查、构件跟踪管理、成本管理)
	大数据平台管理(项目监控、塔机监控、出勤监控、预警管理、节地节水节能监控)

11.2.2 装配式混凝土 BIM 建筑应用策划

该项目应用 BIM 对装配式构件的设计、生产、加工过程进行优化和管理。因此,装配式混凝土 BIM 应用策划包含模型搭建、模型应用、平台应用等多个模块(表 11-2)。

表 11-2 装配式混凝土 BIM 应用策划

模型搭建策划	预制构件模型深度基本参照《建筑信息模型设计交付标准》(GB/T 51301—2018)
模型应用策划	统计预制构件数量 应用 BIM 深化预制构件,三维核查细部碰撞设计问题 应用 BIM 模型进行装配率的计算 应用 BIM 可视化模拟指导构件安装 应用 BIM 深化指导施工现场
平台应用策划	应用平台进行三维构件轻量化核查、展示 应用平台生成二维码跟踪预制构件状态

11.3 装配式混凝土建筑 BIM 设计应用

(1) BIM 模型预制构件的拆分、出图与统计

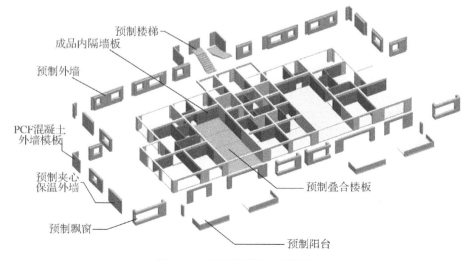

图 11-2 预制构件拆分模型图

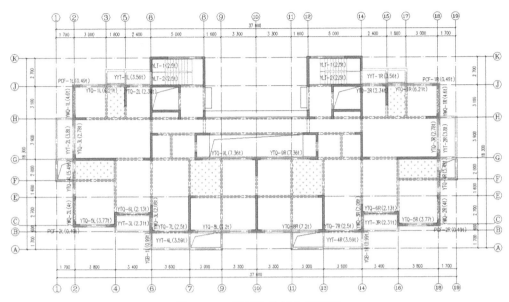

图 11-3　预制构件拆分平面图

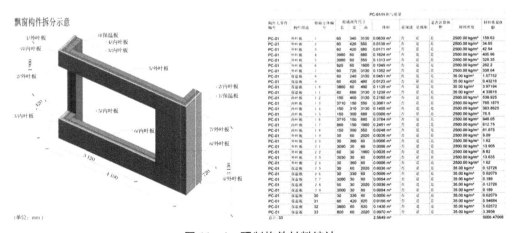

图 11-4　预制构件材料统计

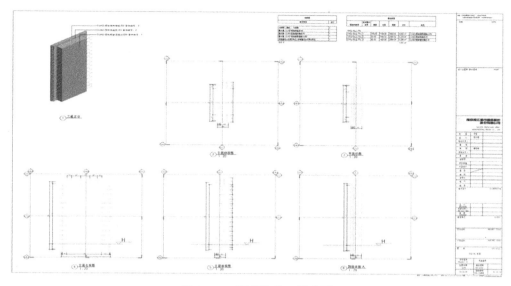

图 11 - 5　预制构件三维出图

（2）BIM 预制构件深化及问题核查

该项目总计包含 10 大类（预制内剪力墙、预制外剪力墙、预制叠合板、预制楼梯、预制阳台、预制凸窗、预制空调板、预制阳台隔板、预制填充墙、预制外挂墙板）223 种不同规格的预制构件。

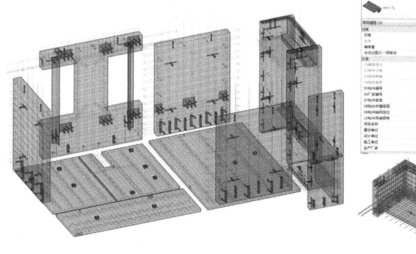

图 11 - 6　预制构件模型深化

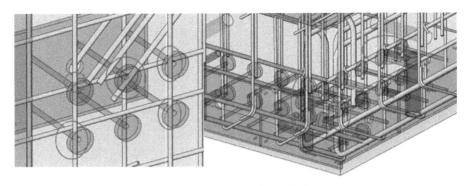

图 11-7　预制构件问题核查

（3）BIM 计算装配率

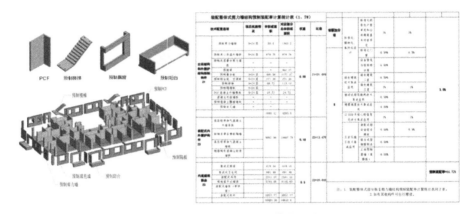

图 11-8　通过模型计算装配率

（4）BIM 预制外挂墙板设计

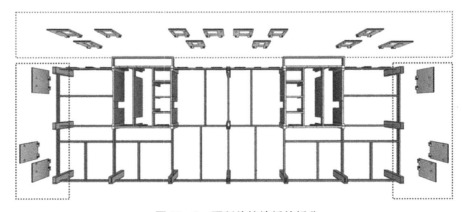

图 11-9　预制外挂墙板的拆分

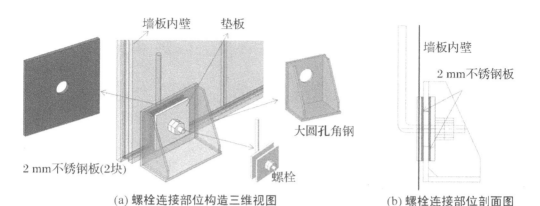

(a) 螺栓连接部位构造三维视图　　　　　(b) 螺栓连接部位剖面图

图 11－10　BIM 模型节点的剖切和出图

（5）内部装修设计 BIM 应用

图 11－11　预制地面 BIM 深化模型

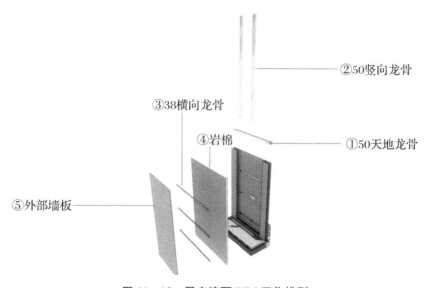

图 11－12　居室墙面 BIM 深化模型

11.4 基于 BIM 平台装配式混凝土建筑 BIM 施工应用

（1）BIM 模型深化指导施工现场

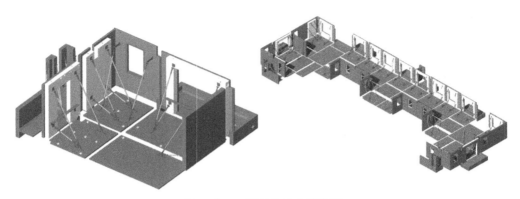

图 11-13　预制构件支撑模型

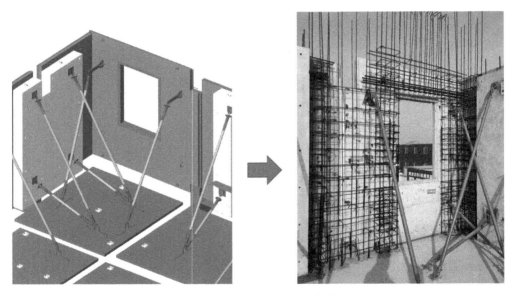

图 11-14　预制构件现场安装指导

（2）BIM可视化模拟指导现场预制构件安装

图 11 - 15　预制构件吊装模拟指导构件安装

（3）基于 BIM 平台的预制构件展示和跟踪管理

该项目基于 BIM－5D 平台进行预制构件的跟踪管理，以下是构件跟踪的平台应用情况：

该项目采用 BIM＋EPC 的应用模式，在统一的 BIM 标准体系下完成 BIM 模型工作，以保证 BIM 模型在各阶段的应用中，可以有效地进行信息交换和数据交互，这在很大程度上提升了 BIM 和装配式应用结合的质量。设计阶段针对预制构件，重点进行设计优化，以保证预制构件的设计质量。施工阶段，更关注预制构件安装以及状态跟踪，以保证项目现场构件安装的有序推进。

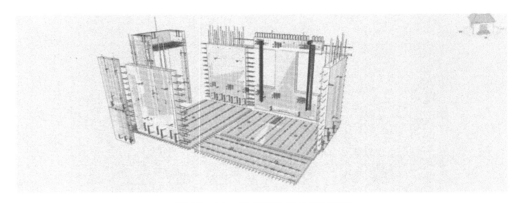

图 11－16　平台端构件 BIM 模型

参考文献

［1］ 肖保存. 基于BIM技术的住宅工业化应用研究［D］. 青岛：青岛理工大学，2015.

［2］ 李昂. BIM技术在工程建设项目中模型创建和碰撞检测的应用研究［D］. 哈尔滨：东北林业大学，2015.

［3］ 李永奎. 建设工程生命周期信息管理（BLM）的理论与实现方法研究：组织、过程、信息与系统集成［D］. 上海：同济大学，2007.

［4］ 李云贵. BIM技术与中国城市建设数字化［J］. 中国建设信息，2010（10）：40 - 42.

［5］ 过俊. 运用BIM技术打造绿色、亲民、节能型建筑：上海世博会国家电网企业馆［J］. 土木建筑工程信息技术，2010，2（2）：63 - 67.

［6］ 宋盈莹. BIM系统在城市超高层建筑中的应用研究［J］. 环渤海经济瞭望，2013（3）：27 - 29.

［7］ 李远晟，孙璐. BIM技术成就建筑之美：江苏大剧院项目实践［J］. 建筑技艺，2014（2）：82 - 85.

［8］ 李远晟. BIM技术在大型复杂交通建筑中的应用：以南京禄口国际机场二期航站楼项目为例［J］. 建筑技艺，2013（6）：210 - 213.

［9］ 何清华，钱丽丽，段运峰，等. BIM在国内外应用的现状及障碍研究［J］. 工程管理学报，2012，26（1）：12 - 16.

［10］ 王加峰. 建筑工程BIM结构分析与设计方法研究［D］. 武汉：武汉理工大学，2013.

［11］ 何关培. 实现BIM价值的三大支柱- IFC/IDM/IFD［J］. 土木建筑工程信息技术，2011，3（1）：108 - 116.

［12］ Tanyer A M, Aouad G. Moving beyond the fourth dimension with an IFC-based single project database［J］. Automation in Construction，2005，14（1）：15 - 32.

［13］ 中华人民共和国住房和城乡建设部. 装配式混凝土结构技术规程：JGJ 1—2014［S］. 北京：中国建筑工业出版社，2014.

［14］ 薛伟辰. 预制混凝土框架结构体系研究与应用进展［J］. 工业建筑，2002，32（11）：47 - 50.

［15］ 薛伟辰，王东方. 预制混凝土板、墙体系发展现状［J］. 工业建筑，2002，32（12）：57 - 60.

[16] 刘琼，李向民，许清风. 预制装配式混凝土结构研究与应用现状[J]. 施工技术，2014，43(22)：9 - 14.

[17] 黄祥海. 新型全预制装配式混凝土框架节点的研究[D]. 南京：东南大学，2006.

[18] 姚婉春. 基于住宅产业化的部分装配式框架结构技术的应用[D]. 泉州：华侨大学，2012.

[19] 严薇，曹永红，李国荣. 装配式结构体系的发展与建筑工业化[J]. 重庆建筑大学学报，2004，26(5)：131 - 136.

[20] 许铭. 全装配式混凝土剪力墙结构性能非线性有限元分析[D]. 长沙：湖南大学，2014.

[21] 杨晓旸. 基于 PCa 技术的工业化住宅体系及设计方法研究[D]. 大连：大连理工大学，2009.

[22] 刘长发，曾令荣，林少鸿，等. 日本建筑工业化考察报告(节选一)(待续)[J]. 21 世纪建筑材料·居业，2011，3(1)：67 - 75.

[23] 黄慎江. 二层二跨预压装配式预应力混凝土框架抗震性能试验与理论研究[D]. 合肥：合肥工业大学，2013.

[24] Park R. A perspective on the seismic design of precast concrete structures in New Zealand [J]. PCI Journal，1995，40(3)：40 - 60.

[25] 言心，张春生. 南斯拉夫 IMS 予制予应力混凝土框架建筑体系及在我国的应用[J]. 科技简报，1980(1)：28 - 29.

[26] 国务院办公厅.《绿色建筑行动方案》成为建筑工业化与住宅产业化发展指南[J]. 住宅产业，2014(11)：8 - 13.

[27] 何清华，陈发标. 建设项目全寿命周期集成化管理模式的研究[J]. 重庆建筑大学学报，2001，23(4)：75 - 80.

[28] 黄建陵，文喜. 建设项目全生命周期一体化管理模式探讨[J]. 项目管理技术，2009，7(11)：37 - 40.

[29] 吴锦阳. BIM 在建设项目全生命周期管理[J]. 城市建设理论研究，2012(20)：1 - 5.

[30] 秦旋，张泳. 建设项目异地协同管理研究[J]. 武汉理工大学学报(信息与管理工程版)，2007，29(2)：92 - 95.

[31] 刘星. 基于 BIM 的工程项目信息协同管理研究[D]. 重庆：重庆大学，2016.

[32] 潘婷，汪霄. 国内外 BIM 标准研究综述[J]. 工程管理学报，2017，31(1)：1 - 5.

[33] 王婷，肖莉萍. 国内外 BIM 标准综述与探讨[J]. 建筑经济，2014，35(5)：108 - 111.

[34] 陈茜. 基于 IFC 的工程项目利益相关者信息交付方法研究[D]. 南京：东南大学，2016.

[35] 牛博生. BIM 技术在工程项目进度管理中的应用研究[D]. 重庆：重庆大学，2012.

[36] 杨宜衡. 基于 BIM 的工程进度看板管理系统[D]. 武汉：华中科技大学，2016.

[37] 王雪青，张康照，谢银. 基于 BIM 实时施工模型的 4D 模拟[J]. 广西大学学报(自然科学版)，2012，37(4)：814－819.

[38] 胡铂. 基于 BIM 的施工阶段成本控制研究[D]. 武汉：湖北工业大学，2015.

[39] 鹿浩. 移动计算技术及应用[J]. 湖北邮电技术，2001，14(2)：11－15.

[40] 丁烈云. BIM 应用·施工[M]. 上海：同济大学出版社，2015.

[41] 方后春. 基于 BIM 的全过程造价管理研究[D]. 大连：大连理工大学，2012.

[42] BIM 工程技术人员专业技能培训用书编委会. BIM 应用与项目管理[M]. 北京：中国建筑工业出版社，2016.

[43] Weygant R S. BIM Content Development[M]. Hoboken，NJ，USA：John Wiley & Sons Inc.，2011.

[44] 李锦华，秦国兰. 基于 BIM-5D 的工程项目造价控制信息系统研究[J]. 项目管理技术，2014，12(5)：82－85.

[45] 《中国建筑施工行业信息化发展报告(2014)：BIM 应用与发展》编委会. 中国建筑施工行业信息化发展报告(2014)：BIM 应用与发展[M]. 北京：中国城市出版社，2014.

[46] 刘尚阳，刘欢. BIM 技术应用于总承包成本管理的优势分析[J]. 建筑经济，2013，34(6)：31－34.

[47] 王韬. 基于 BIM 的商业地产项目管理研究[D]. 天津：天津大学，2012.

[48] 张建平. BIM 技术的研究与应用[J]. 施工技术，2011(2)：15－18

[49] 王婷，任琼琼，肖莉萍. 基于 BIM5D 的施工资源动态管理研究[J]. 土木建筑工程信息技术，2016，8(3)：57－61.

[50] 郝莹. 建筑行业互联网应用呈现五大新特点《中国建筑施工行业信息化发展报告(2016)互联网应用与发展》发布[J]. 中国勘察设计，2016(7)：16.

[51] Wang D T. Analysis and application of BIM technology in the project goal control[J]. Advanced Materials Research，2013，671/672/673/674：2978－2981.

[52] 张俊，刘洋，李伟勤. 基于云技术的 BIM 应用现状与发展趋势[J]. 建筑经济，2015，36(7)：27－30.

[53] Matthews J，Love P E D，Heinemann S，et al. Real time progress management：re-engineering processes for cloud-based BIM in construction[J]. Automation in Construction，2015，58：38－47.

[54] 乐云，郑威，余文德. 基于 Cloud-BIM 的工程项目数据管理研究[J]. 工程管理学报，2015，29(1)：91－96.

[55] 张祥. BIM 技术在建筑项目运维管理中的应用研究[D]. 上海：东华大学，2017.

[56] 向萱. BIM 技术在运维管理中的应用[J]. 卷宗，2016，6(12)：561.

[57] 胡振中，彭阳，田佩龙. 基于 BIM 的运维管理研究与应用综述[J]. 图学学报，2015，36(5)：802 - 810.

[58] 张洋. 基于 BIM 的建筑工程信息集成与管理研究[D]. 北京：清华大学，2009.

[59] 余芳强，张建平，刘强，等. 基于云计算的半结构化 BIM 数据库研究[J]. 土木建筑工程信息技术，2013，5(6)：1 - 6.

[60] 闫鹏. BIM 与物联网技术融合应用探讨[J]. 铁路技术创新，2015(6)：45 - 47.

[61] 赖华辉，邓雪原，陈鸿，等. 基于 BIM 的城市轨道交通运维模型交付标准[J]. 都市快轨交通，2015，28(3)：78 - 83.

[62] 郭思怡，陈永锋. 建筑运维阶段信息模型的轻量化方法[J]. 图学学报，2018，39(1)：123 - 128.

附　　录

Revit 命令快捷键

命令	快捷键	路径
修改	MD	创建＞选择;插入＞选择;注释＞选择;视图＞选择;管理＞选择;修改＞选择;建筑＞选择;结构＞选择;系统＞选择;分析＞选择;体量和场地＞选择;协作＞选择;上下文选项卡＞选择
模型线;直线;边界线;线形钢筋;绘制线	LI	创建＞模型;创建＞详图;创建＞绘制;修改＞绘制;上下文选项卡＞绘制;上下文选项卡＞工具
放置构件	CM	创建＞模型;建筑＞构建;结构＞模型;系统＞模型
模型组;创建组;详图组;创建组	GP	创建＞模型;注释＞详图;修改＞创建;创建＞详图;建筑＞模型;结构＞模型
参照平面;参照平面	RP	创建＞基准;创建＞绘制;修改＞绘制;建筑＞工作平面;结构＞工作平面;系统＞工作平面;上下文选项卡＞工作平面
对齐尺寸标注	DI	注释＞尺寸标注;修改＞测量;创建＞尺寸标注;上下文选项卡＞尺寸标注;快速访问工具栏
文字	TX	注释＞文字;创建＞文字;快速访问工具栏
查找/替换	FR	注释＞文字;创建＞文字;上下文选项卡＞工具
可见性/图形	VG # VV	视图＞图形
细线;细线	TL	视图＞图形;快速访问工具栏
层叠窗口	WC	视图＞窗口
平铺窗口	WT	视图＞窗口
系统浏览器	Fn9	视图＞窗口

命令	快捷键	路径
快捷键	KS	视图＞窗口
项目单位	UN	管理＞设置
匹配类型属性	MA	修改＞剪贴板
填色	PT	修改＞几何图形
连接端切割:应用连接端切割	CP	修改＞几何图形
连接端切割:删除连接端切割	RC	修改＞几何图形
拆分面	SF	修改＞几何图形
对齐	AL	修改＞修改
移动	MV	修改＞修改
偏移	OF	修改＞修改
复制	CO＃CC	修改＞修改
镜像-拾取轴	MM	修改＞修改
旋转	RO	修改＞修改
镜像-绘制轴	DM	修改＞修改
修剪/延伸为角	TR	修改＞修改
拆分图元	SL	修改＞修改
阵列	AR	修改＞修改
缩放	RE	修改＞修改
解锁	UP	修改＞修改
锁定	PN	修改＞修改
删除	DE	修改＞修改
创建类似	CS	修改＞创建
标高	LL	创建＞基准;建筑＞基准;结构＞基准
其他设置:日光设置	SU	管理＞设置
拆分面	SF	修改＞几何图形
墙;墙:墙:建筑	WA	建筑＞构建;结构＞结构
门	DR	建筑＞构建

命令	快捷键	路径
窗	WN	建筑>构建
柱;结构柱	CL	建筑>构建;结构>结构
楼板;楼板;结构	SB	建筑>构建;结构>结构
模型线	LI	建筑>模型;结构>模型
房间	RM	建筑>房间和面积
标记房间;标记房间;房间标记	RT	建筑>房间和面积;注释>标记
轴网	GR	建筑>基准;结构>基准
结构框架;梁	BM	结构>结构
结构框架;支撑	BR	结构>结构
结构梁系统;自动创建梁系统	BS	结构>结构;上下文选项卡>梁系统
结构基础;墙	FT	结构>基础
风管	DT	系统>HVAC
风管管件	DF	系统>HVAC
风管附件	DA	系统>HVAC
转换为软风管	CV	系统>HVAC
软风管	FD	系统>HVAC
风道末端	AT	系统>HVAC
机械设备	ME	系统>机械
管道	PI	系统>卫浴和管道
管件	PF	系统>卫浴和管道
管路附件	PA	系统>卫浴和管道
软管	FP	系统>卫浴和管道
卫浴装置	PX	系统>卫浴和管道
喷头	SK	系统>卫浴和管道
弧形导线	EW	系统>电气
电缆桥架	CT	系统>电气
线管	CN	系统>电气

命令	快捷键	路径
电缆桥架配件	TF	系统＞电气
线管配件	NF	系统＞电气
电气设备	EE	系统＞电气
照明设备	LF	系统＞电气
高程点	EL	注释＞尺寸标注；修改＞测量；上下文选项卡＞尺寸标注
详图线	DL	注释＞详图
按类别标记；按类别标记	TG	注释＞标记；快速访问工具栏
荷载	LD	分析＞负荷
调整分析模型	AA	分析＞分析模型工具；上下文选项卡＞分析模型
重设分析模型	RA	分析＞分析模型工具
热负荷和冷负荷	LO	分析＞报告和明细表
配电盘明细表	PS	分析＞报告和明细表
检查风管系统	DC	分析＞检查系统
检查管道系统	PC	分析＞检查系统
检查线路	EC	分析＞检查系统
重新载入最新工作集	RL＃RW	协作＞同步
正在编辑请求	ER	协作＞同步
渲染	RR	视图＞图形；视图控制栏
Cloud 渲染	RC	视图＞图形；视图控制栏
渲染库	RG	视图＞图形；视图控制栏
MEP 设置：机械设置	MS	管理＞设置
MEP 设置：电气设置	ES	管理＞设置
MEP 设置：建筑/空间类型设置	BS	管理＞设置
在视图中隐藏：隐藏图元	EH	修改＞视图
在视图中隐藏：隐藏类别	VH	修改＞视图
替换视图中的图形：按图元替换	EOD	修改＞视图

续表

命令	快捷键	路径
线处理	LW	修改＞视图
添加到组	AP	上下文选项卡＞编辑组
从组中删除	RG	上下文选项卡＞编辑组
附着详图组	AD	上下文选项卡＞编辑组
完成	FG	上下文选项卡＞编辑组
取消	CG	上下文选项卡＞编辑组
分割表面	//	上下文选项卡＞分割
编辑组	EG	上下文选项卡＞成组
解组	UG	上下文选项卡＞成组
链接	LG	上下文选项卡＞成组
恢复所有已排除成员	RA	上下文选项卡＞成组；关联菜单
编辑尺寸界线	EW	上下文选项卡＞尺寸界线
取消隐藏图元	EU	上下文选项卡＞显示隐藏的图元
取消隐藏类别	VU	上下文选项卡＞显示隐藏的图元
切换显示隐藏图元模式	RH	上下文选项卡＞显示隐藏的图元；视图控制栏
上一次平移/缩放	ZP # ZC	导航栏
缩放匹配	ZE # ZF # ZX	导航栏
缩放图纸大小	ZS	导航栏
对象模式	3O	导航栏
中点	SM	捕捉
图形由视图中的图元替换：切换透明度	EOT	
象限点	SQ	捕捉
隐藏类别	HC	视图控制栏
选择全部实例：在整个项目中	SA	关联菜单
图形由视图中的图元替换：切换假面	EOG	

命令	快捷键	路径
切点	ST	捕捉
图形由视图中的类别替换：切换透明度	VOT	
捕捉远距离对象	SR	捕捉
隐藏线	HL	视图控制栏
点	SX	捕捉
重复上一个命令	RC	关联菜单
排除	EX	关联菜单
图形显示选项	GD	视图控制栏
捕捉到点云	PC	捕捉
图形由视图中的图元替换：切换半色调	EOH	
区域放大	ZR # ZZ	导航栏
最近点	SN	捕捉
中心	SC	捕捉
漫游模式	3W	导航栏
光线追踪	RY	视图控制栏
图形由视图中的类别替换：切换半色调	VOH	
隔离类别	IC	视图控制栏
恢复已排除构件	RB	关联菜单
缩放全部以匹配	ZA	导航栏
端点	SE	捕捉
重设临时隐藏/隔离	HR	视图控制栏
移动到项目	MP	关联菜单
隔离图元	HI	视图控制栏
激活第一个下文选项卡	Ctrl+`	

命令	快捷键	路径
垂足	SP	捕捉
关闭替换	SS	捕捉
关闭捕捉	SO	捕捉
缩小两倍	ZO # ZV	导航栏
飞行模式	3F	导航栏
线框	WF	视图控制栏
图形由视图中的类别替换：切换假面	VOG	
定义新的旋转中心	R3	关联菜单
关闭	SZ	捕捉
二维模式	32	导航栏
隐藏图元	HH	视图控制栏
工作平面网格	SW	捕捉
交点	SI	捕捉
带边缘着色	SD	视图控制栏